플라스틱 응용과 재활용

플라스틱 응용과 재활용

1판 1쇄 인쇄 2021년 11월 10일
1판 1쇄 발행 2021년 11월 17일

지은이   이 국 환
펴낸이   나 영 찬
펴낸곳   기전연구사
출판등록   1974. 5. 13. 제5-12호
주 소   서울시 동대문구 천호대로 4길 16(신설동 기전빌딩 2층)
전 화   02-2238-7744
팩 스   02-2252-4559
홈페이지   kijeonpb.co.kr

ISBN 978-89-336-1021-3

정가 20,000원

플라스틱
응용과
재활용

이 국 환 지음

플라스틱의 실생활에 적용
사용 목적에 따른 플라스틱
플라스틱의 고성능화
합성고무
플라스틱의 재활용과 환경 · 안전 문제
사례연구 및 응용

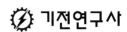
기전연구사

머리말

플라스틱은 반세기 동안 우리들의 삶과 생활 스타일을 크게 변화시켰다. 우리들의 식생활은 플라스틱에 의해 크게 변화하였다. 편의점에서 다양한 도시락과 음료를 쉽게 구매하도록 된 것도 플라스틱제 용기가 있기 때문이다. 그 외에도 우리들 주위 환경의 많은 것들이 플라스틱으로 만들어져 있다. 플라스틱이 없었다면 이 정도까지 우리의 생활이 편리하게 되지는 않았을 것이다. 그리고 플라스틱의 용도는 실생활의 사소한 제품만이 아니라 그 용도는 산업계의 전반에 까지 아주 널리 사용되고 있다. 빠른 속도로 융ㆍ복합 연구개발이 진행되어져 가는 4차 산업혁명의 시대에 있어, 이 플라스틱은 첨단가전제품분야(TV, 세탁기, 냉장고, 청소기, 에어컨, 공기청정기, 식기세척기, 진공청소기 등), 전기전자분야(차량, 전장, LED, 조명, 광학기기, 전원을 이용한 기기 등), 정보통신분야(스마트폰, 디스플레이, 반도체, 반도체소자, 반도체장비 등), 기계시스템ㆍ정밀기기분야(센서, 나노, 초정밀기기 완제품, 모듈, 부품, 소재 등), 의료기기분야(진단ㆍ치료ㆍ검사기기, 내시경, 모니터링 시스템, 피부ㆍ미용기기, 인체 수술용품, 헬스케어 등), 환경ㆍ에너지, 해양ㆍ플랜트에 항공기, 드론, 로봇, 무인ㆍ자율자동차, IoT, 항공우주산업에 이르기까지 아주 광범위하게 사용되고 있다. 그 용도는 이루 말할 수가 없다.

본 저서는 이렇게 다양하게 사용되는 플라스틱을 다음과 같이 분류하고, 이의 개념, 원리, 물성, 특성, 제조방법, 제품 개발에의 활용, 사용의 예시, 실생활에 적용 등을 총 망라하여 최근의 플라스틱까지의 내용을 포함하는 전문 종합서로 저술하였다. 내용 전개의 분류는 다음과 같이 하였다.

1. 플라스틱의 실생활에 적용
2. 사용목적에 따른 플라스틱
3. 플라스틱의 고성능화
4. 합성고무
5. 플라스틱의 재활용과 환경ㆍ안전 문제
6. 사례연구 및 응용

더불어 당연히 제품개발, 제조ㆍ공정 등 생산에 관련하여 연계 내용도 서술하였다.

지금까지 저자는 제품개발과 설계 관련 수 많은 저서를 이미 출간하였고, 3차례에 걸쳐 문화관광부에서 선정한 우수학술저서에 선정되었다. 이 저서들이 대기업, 중견ㆍ중소기업, 대학교 및 연구기관 등에서 실무 및 직무교육 교재로서 잘 활용하고 있다. 여기에 완제품, 반제품, 모듈, 부품의 소재로 아주 중요하고 폭넓게 활용되는 플라스틱에 대한 방대한 내용의 본 저서는 국가의 기술경쟁력을 높이고, 제품 및 시스템의 연구개발과 설계에 큰 도움을 주는 동시에 길잡이가 되리라 확신한다.

다른 면을 한번 생각해 보자.

우리는 플라스틱의 편리성이라는 이유로 플라스틱 제품을 많이 사용하고, 간단하게 버려왔다. 플라스틱은 우리 생활에 밀착하고, 크게 공헌하고 있으나 그 이상으로 환경문제, 자원문제, 쓰레기문제, 안전성 등의 문제점도 나타나고 있다. 플라스틱이 포함하고 있는 문제의 대다수는 매우 인간적이며, 사회적, 현대적인 것에 있다고 할 것이다.

플라스틱을 훌륭하게 사용할 수 있는 것은 플라스틱을 보다 잘 이해하고 그 장점과 단점을 냉정하게 확인하면서 개선할 필요가 있다. 플라스틱의 좋은 면으로

- 가볍다.
- 취급하기 쉽다.
- 화학적으로 안정하다.
- 가격이 저렴하며, 대량생산이 좋다.
- 다양한 편리성을 제공한다.

등이 있다. 또 역으로 문제점으로는

- 환경호르몬에 의한 인체의 안전성
- 환경문제
- 자원문제
- 쓰레기문제

등이 있다. 플라스틱을 나쁜 것이라고만 여기는 것도 안된다.

플라스틱의 장점을 최대한으로 살리고 나쁜 면을 최소한으로 방지하려는 연구를 계속 해야만 한다. 만약 플라스틱의 편리성만을 추구하고 포함된 문제점을 경시한다면 인간과 자연에 미치는 문제가 점점 심각하게 되어 버린다.

플라스틱은 목적에 따라 여러 가지 성질의 물건을 만들어 인간에게 편의성을 주기에 문제점을 개선·개량시키면서 발전시켜 나가야 할 것이다. 플라스틱을 진정한 의미로 사용하기 위해서는 이와 같은 밸런스 감각을 지닌 플라스틱을 고려할 필요가 있다.

저자는 35년을 연구개발에 전념을 해오고 있다. 학자, 연구자로서의 신념은 "기술(Technology)이란 인간의 일상생활을 풍족하고 편리하게 해주는 도구"가 되어야 한다는 것이다.

4차 산업혁명의 핵심소재 플라스틱은 미래산업에 있어 핵심소재이다. 따라서 기술보국(技術報國)의 현장에서 최선을 다하는 독자들에게 큰 도움이 되리라 생각한다. 끝으로 이 책을 펴내는데 있어서 같이 작업을 하며, 출간에 수고해 주신 기전연구사 나영찬 사장님을 비롯한 직원 여러분께 진심으로 감사를 드린다.

2021년 11월

저자 이 국 환(李國煥)

차 례

CHAPTER
01

응용편
(실생활에 적용)

01 플라스틱 시대를 열은 베이클라이트(Bakelite)

플라스틱의 역사

일류가 본래의 의미로 처음 인공적으로 만든 합성수지는 미국 화학자 레오 핸드릭 베이클랜드(Leo Hendrik Baekeland, 1863~1944년)가 1907년에 발명한 베이클라이트이다. 천연수지에 대하여 합성수지라는 단어가 사용되어진 것은 베이클라이트가 갈색으로 투명하여, 천연수지의 송진과 비슷하기 때문이다.

베이클라이트는 콜타르(coal tar)에서 얻어지는 페놀과 포르말린[1]에서 화학 합성된 페놀수지이다. 페놀수지 그 자체는 1872년 독일의 화학자 아돌프 폰 바이어(Johann Friedrich Wilhelm Adolf von Baeyer 1835~1917년)에 의해 합성되었지만 재료로서 이용가능한 페놀수지의 개발과 공업화에 성공한 것은 베이클라이트이다. 베이클라이트는 난연성으로 내열성, 내약품성이 있고, 전기절연성도 뛰어나기 때문에, 실용적인 재료로 주목을 받아 광범위한 분야에서 사용되어지게 되었다.

베이클라이트의 발명은 플라스틱 시대를 알리는 계기가 되었고[2], 그 후 다양한 플라스틱이 개발되었다. 그리고 제2차 세계대전 후에 석유화학공업이 발전하면서 석유에서 다양한 화학물질을 합성할 수 있게 되어 플라스틱은 다양화의 길로 가게 되었다. 처음에는 개발된 플라스틱 소재를 어떠한 곳에 사용할 것인가 하는 시점으로 플라스틱의 이용이 진행되었으나 근래에는 시장의 요구를 실현하기 위하여 어떠한 소재가 필요한가 하는 시점으로 플라스틱이 개발되고 있다. 지금까지 개발되어온 많은 플라스틱은 범용 플라스틱이지만, 공업용 부품재료로서 사용할 수 있는 엔지니어링 플라스틱의 개발은 플라스틱을 금속을 대체할 수 있는 새로운 재료로서 그 이용범위를 대폭적으로 확대시킬 수 있게 되었다.

요점 체크	• 베이클라이트는 인류가 처음으로 인공적으로 합성하여 만든 플라스틱 • 페놀수지는 페놀과 포르말린에서 화학 합성된 수지

---

1) 포름알데히드의 수용액. 포름알데히드는 메탄올을 산화시킨 것
2) 베이클라이트의 업적으로 베이클랜드(Baekeland)는 플라스틱이 아버지라 불리운다.

표 1 주요 플라스틱 공업화 연도표

공업화 개시년도	플라스틱명	공업화 개시년도	플라스틱명
1870	셀룰로이드	1942~1943	규소수지
1910	페놀수지	1943	에폭시수지
1914	알키드수지	1946	디아릴프탈레이트수지
1918	우레아수지(요소수지)	1948	PET
1922	초산셀룰로오스	1948~1949	ABS수지
1928	폴리초산비닐	1957	폴리프로필렌(PP)
1930	메타크릴수지	1958	폴리카보네이트(PC)
	폴리스티렌(PS)	1958~1959	폴리아세탈(POM)
1931	폴리염화비닐(PVC)	1964	폴리이미드(PI)
1935	멜라민수지	1965	폴리설폰
1939	폴리에틸렌, 폴리우레탄	1967	변성PPE
1940	폴리염화비닐덴	1970	PBT
1941	폴리아미드(PA)	1972	PES
1942	불포화 폴리에스테르	1973	PPS
	AS수지	1974~1985	LCP
	불소수지	1980	PEEK
		1981	폴리에틸이미드(PEI)

AS수지 : 아크릴로니트릴 스티렌수지
ABS수지 : 아크릴로니트릴 부타디엔 스티렌수지
PET : 폴리에틸렌 테레프탈레이트
PPE : 폴리페닐렌 에테르
PBT : 폴리부틸렌 테레프탈레이트

PES : 폴리에테르설폰
PPS : 폴리 페닐렌 설파이드
LCP : 액정 결정성 폴리머
PEEK : 폴리에테르 에테르케톤

레졸형과 노보락형의 페놀수지

현재 공업적인 페놀수지를 만드는 방법에는 레졸형과 노보락형의 원료를 사용하는 방법이 있다. 레졸형은 상온에서 액체로 가열하면 반응이 진행되고 경화한다. 경화하면 본래의 형태로 돌아가지 않는다. 노보락형은 통상은 고체로 열을 가하면 가소성을 나타낸다. 경화제를 첨가하여 가열하면 경화한다. 실제로 페놀수지를 성형할 때는 레졸형 또는 노보락형의 페놀수지가 사용된다. 성형공정에서 페놀과 포르말린을 반응시켜 페놀수지를 합성할 필요는 없다.

02 플라스틱에는 어떠한 것들이 있나?

현재 사용되고 있는 플라스틱에는 원료에 열을 가하여 변형시킨 후 냉각하여 고화(固化, solidification)시키는 것과, 원료에 열을 가해서 고화시키는 것이 있다. 전자는 열에 의한 가소성을 지닌 것으로 열가소성 수지, 후자는 열로 고화시키는 성질을 지닌 것으로 열경화성 수지라 한다.

열가소성 수지와 열경화성 수지의 차이는 초콜릿과 쿠키의 차이로 예를 들 수 있다. 초콜릿은 원료의 초콜릿을 열로 녹여서 형틀에 넣은 후 냉각시켜 고화한다. 이 고화된 초콜릿에 다시 열을 가하면 녹아버리지만 녹아있거나 고화되어 있어도 같은 초콜릿이다. 즉 원료 초콜릿과 제품 초콜릿은 동일하다. 한편 쿠키는 몇 가지의 원료를 혼합한 것을 오븐에 구워 고화시켜 만든다. 이 고화된 쿠키에 다시 열을 가하면 본래의 원료로 돌아올 수 없다.

현재 사용되고 있는 플라스틱의 약 90%가 열가소성 수지이다. 열경화성 수지는 가소성이 없기 때문에 어원에서 말하면 플라스틱이라 부르는 것은 적절하지 않다. 그러나 열가소성 수지가 널리 사용됨에 따라 플라스틱이 합성수지 전반을 가리키게 되어, 열경화성 수지도 플라스틱이라 부르게 되었다.

플라스틱의 공업규격에서는 탄성재료인 합성고무와 합성섬유, 접착제 등은 플라스틱으로 취급하지 않는다. 그러나, 일반적으로 이러한 것들도 넓은 의미로 플라스틱의 동일 유형으로서 취급한다. 최근에는 고무와 같은 탄성을 지닌 열가소성 수지도 만들어지고 있다. 고무와 같은 탄성재료를 엘라스토머(elastomer)라 하고 엘라스토머에는 탄성을 지닌 플라스틱을 함유하고 있다. 또한 합성섬유와 접착제도 플라스틱 재료로서 중요하게 위치를 잡아가고 있다.

> **요점 체크**
> • 플라스틱에는 열가소성 수지와 열경화성 수지가 있다.
> • 현재 사용되고 있는 플라스틱의 90%는 열가소성 수지이다.

그림 1 열가소성 수지와 열경화성 수지의 차이

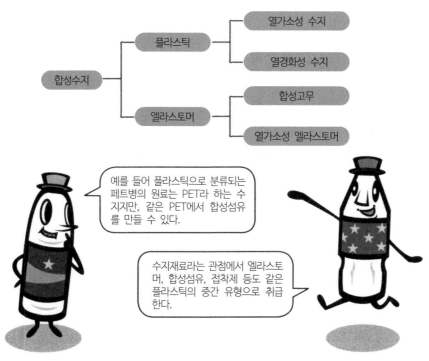

그림 2 합성수지의 분류

03 열가소성 수지와 열경화성 수지

열가소성 수지는 플라스틱 소재를 가열하여 용해시켜, 그것을 틀(금형)에 넣어 냉각하여 사용 목적의 형상으로 굳히는(고화시키는) 타입의 플라스틱이다. 완성된 플라스틱 제품은 재가열하면 용해된 상태로 회복된다. 열경화성 수지는 여러 가지 원료를 틀에 넣어 가열하여 굳히는 타입의 플라스틱이다. 원료가 화학반응으로 굳혀지기 때문에 재가열하여도 원래의 원료로 회복되지 않는다.

열가소성 수지와 열경화성 수지는 그 구조에도 차이점이 있다. 열가소성 수지는 일반적으로 그림 4의 ⓐ와 같이 끈 상태로 연결된 분자가 불규칙적으로 모여 있는 비결정 구조를 하고 있다. 비결정성의 플라스틱은 열을 가하면 그 끈이 자유롭게 움직이고, 부드럽게 된다. 이 상태로 플라스틱의 외부에서 힘을 가하거나 틀에 넣으면 분자의 배치가 변화하게 된다. 이것이 열가소성 수지가 가소성을 지니는 이유다.

또 열가소성 수지에는 그림 4의 ⓑ와 같이 끈 상태의 분자가 규칙적으로 바르게 배치되어 있는 결정구조[3]를 지닌 것도 있다. 결정성의 플라스틱은 분자가 난잡하게 모여 있는 ⓐ의 상태보다도 분자와 분자가 접촉하고 있는 부분이 많이 있다. 그러한 이유 때문에 분자가 자유롭게 움직일 수 없게 되기 때문에 열가소성 수지임에도 열을 가하거나 외부에서 힘을 가하여도 형체가 흩어지기 어렵게 되어 내열성과 기계적 강도 등에 뛰어나다.

열경화성 수지는 열을 가하여 화학반응을 통해 굳히기(고화)는 것으로 모노머(monomer, 단량체)끼리 중합이 일어나기 때문에 옆에 있는 모노머가 연결될 뿐만 아니라 주위에 존재하는 모든 모노머와 연결되어 있다. 때문에 분자구조가 그림 4의 ⓒ와 같이 입체적인 망목상(網目狀, 그물망 모양)과 같은 상태로 되어 있다. 열경화성 수지는 이와 같이 강고한 구조를 지니기 때문에 열을 가하거나 힘을 가하여도 분자는 자유롭게 움직일 수 없다. 그 결과 열가소성 수지와 같이 가소성을 지니고 있지 않으나 일반적으로 내열성과 내약품성 등이 뛰어나다.

요점 체크	• 열가소성 수지는 원료에 열을 가하여(가열하여) 변형시킨 후 냉각시켜 굳힌다(고화시킨다). • 열경화성 수지는 원료를 틀(金型, 금형)에 넣어서 열을 가하여(가열하여) 화학반응으로 굳힌다(고화시킨다).

---

3) 물질 중에 원자와 분자의 위치 방향이 규칙적으로 배열된 상태

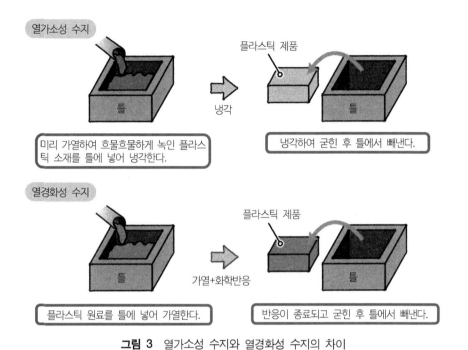

열가소성 수지

미리 가열하여 흐물흐물하게 녹인 플라스틱 소재를 틀에 넣어 냉각한다.

냉각

플라스틱 제품

냉각하여 굳힌 후 틀에서 빼낸다.

열경화성 수지

플라스틱 원료를 틀에 넣어 가열한다.

가열+화학반응

플라스틱 제품

반응이 종료되고 굳힌 후 틀에서 빼낸다.

그림 3 열가소성 수지와 열경화성 수지의 차이

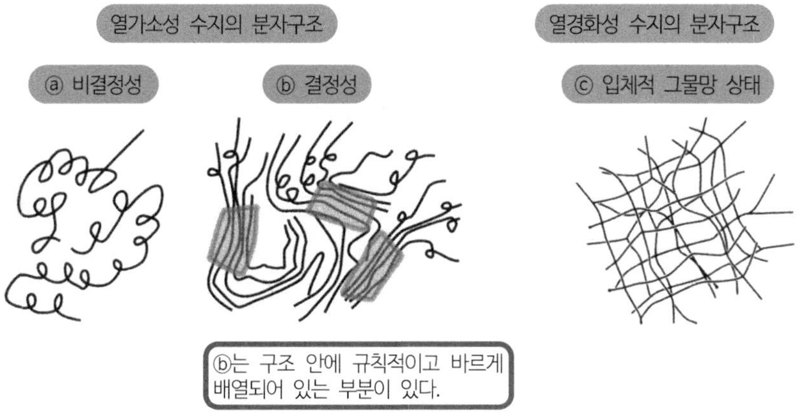

열가소성 수지의 분자구조

ⓐ 비결정성

ⓑ 결정성

열경화성 수지의 분자구조

ⓒ 입체적 그물망 상태

ⓑ는 구조 안에 규칙적이고 바르게 배열되어 있는 부분이 있다.

그림 4 열가소성 수지와 열경화성 수지의 분자구조

04 범용 플라스틱과 엔지니어링 플라스틱

열가소성 수지는 내열성 등의 성능과 용도, 가격에 따라 범용 플라스틱과 엔지니어링 플라스틱으로 분류할 수 있다. 엔지니어링 플라스틱에는 범용 엔지니어링 플라스틱(엔플라, ENPLA)과 수퍼 엔지니어링 플라스틱(수퍼 엔플라)가 있다.

범용 플라스틱은 내열온도가 100℃ 이하로 내열성 및 기계적 강도 등의 성능은 그 정도로 높지는 않다. 그러나 저렴한 비용으로 대량생산이 가능하기 때문에 일용품에서 공업제품의 재료까지 광범위하게 사용되고 있다. 우리 주위에 있는 많은 플라스틱이 범용 플라스틱이다. 범용 엔지니어링 플라스틱은 내열온도가 100℃ 이상으로 범용 플라스틱보다도 내열성, 내구성, 기계적 강도 등이 뛰어나다. 비교적 혹독한 환경에서 사용할 수 있기 때문에, 기계부품과 전기부품 등 신뢰성이 요구되는 부품의 재료로서 사용되고 있다. 수퍼 엔지니어링 플라스틱은 내열온도가 150℃ 이상으로 고온에서 장시간 견딜 수 있는 가혹한 환경에서 사용되는 부품재료로서 사용된다.

플라스틱의 성질은 그 기본구조로 되는 모노머(monomer)로 결정된다. 그러나 동일한 모노머로 만들어진 플라스틱이라도, 중합도(분자량)과 모노머끼리의 결합방식, 결정성이냐 비결정성이냐 등등 많은 요인에 따라 성질이 크게 변한다. 따라서 역으로 그러한 요인을 조합시키는 일에 의하여 다양한 성질의 플라스틱을 만들 수 있다. 최근에는 폴리머(polymer)의 합성기술의 진보에 의해 종래에는 범용 플라스틱이라고 사용되어 왔던 것도 엔지니어링 플라스틱에 가까운 성능을 지니는 일이 가능해졌다. 용도에 따라 범용 플라스틱을 엔지니어링 플라스틱에 대신하여 사용할 수 있는 일도 가능하게 되었다.

요점 체크	• 열가소성 수지는 범용 플라스틱으로 분류할 수 있다. • 플라스틱을 만드는 방법에 따라 여러 가지 성질을 가지는 것이 가능하다.

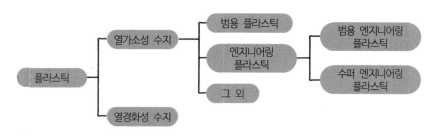

> 그 외 플라스틱과 다른 소재를 조합시킨 복합재료 플라스틱도 있다. 탄소섬유 또는 유리섬유를 조합시킨 섬유강화 플라스틱, 금속과 플라스틱을 조합시킨 것 등이 있다.

그림 5 플라스틱의 분류

표 2 플라스틱의 분류와 대표적 플라스틱

열가소성수지	**범용 플라스틱**	폴리에틸렌(PE), 폴리프로필렌(PP), 폴리염화비닐(PVC), 폴리스티렌(PS), 아크릴로니트릴 스티렌수지(AS), 아크릴로니트릴 부타디엔 스티렌수지(ABS), 메타크릴수지(PMMA), 폴리에틸렌 테레프탈레이트(PET)
	엔지니어링 플라스틱	폴리아미드(PA), 폴리아세탈(POM), 폴리카보네이트(PC), 변성 폴리페닐렌 에테르(m-PPE), 폴리부틸렌 테레프탈레이트(PBT), GF강화-폴리에틸렌 테레프탈레이트(GF-PET), 초고분자량 폴리에틸렌(UHPE)
	수퍼 엔지니어링 플라스틱	폴리 페닐렌 설파이드(PPS), 폴리이미드(PI), 폴리에테르이미드(PEI), 폴리아릴레이트(PAR), 폴리설폰(PSF), 폴리에테르설폰(PES), 폴리에테르 에테르케톤(PEEK), 액정 폴리머(LCP), 폴리테트라플루오로에틸렌(PTFE)
	그 외	불소수지, 초고분자폴리에틸렌(UH MWPE), 폴리메틸펜텐(PMP), 열가소성 엘라스토머, 생분해성 플라스틱, 폴리아크릴로니트릴, 섬유소계 플라스틱
열경화성 수지		페놀수지(PF), 우레아수지(UF), 멜라민수지(MF), 불포화 폴리에스테르수지(UP), 폴리우레탄(PU), 디아릴프탈레이트수지(PDAP), 실리콘수지(SI), 알키드수지, 에폭시수지(EP)

> 폴리에틸렌, 폴리프로틸렌, 폴리염화비닐, 폴리스티렌을 4대 범용 플라스틱이라 부른다. 이것에 ABS수지 또는 폴리에틸렌 테레프탈레이트를 추가하여 5대 범용 플라스틱이라고도 부른다. 폴리아미드, 폴리아세탈, 폴리카보네이트, 폴리부틸렌 테레프탈레이트, 폴리페닐렌 에테르를 5대 범용 엔지니어링 플라스틱이라 부른다. 수퍼 엔지니어링 플라스틱으로 대표적인 것은 폴리페닐렌 설파이드, 폴리설폰, 폴리에테르설폰, 폴리이미드, 폴리 아릴레이트, 액정 폴리머, 폴리에테르 에테르케톤이 있다.

05 목적에 따라 만들어진 복합재료

복합재료는 2종류 이상의 재료를 조합시키기 때문에 본래 재료보다도 우수한 특성을 지니고 있다. 그 목적과 용도에 따라 선택할 수 있다.

복합재료는 재료의 중심이 되는 소재에 따라 분류되어, 플라스틱이 모재(母材, 중심재료)가 되는 것과 금속 또는 세라믹이 중심재료가 되는 것이 있다.

예를 들어, 철근콘크리트는 시멘트, 모래 등을 혼합시킨 콘크리트에 얇은 철근봉을 넣은 복합재료이다. 철근코크리트는 그림 6에 나타난 것과 같이 압축에 강하고, 인장력에 약한 콘크리트 재료에 인장력에 강한 철봉을 넣어서 전체로 콘크리트의 강도를 높이는 것이다.

플라스틱을 중심재료로 하는 복합재료의 대표적인 것으로는 섬유강화 플라스틱이 있다. 섬유강화 플라스틱은 유리섬유와 탄소섬유와 플라스틱을 조합시킨 복합재료이다. 플라스틱이 섬유로 강화되어 있기 때문에 섬유강화 플라스틱은 FRP(Fiber Reinforced Plastics)라 칭하고 유리섬유강화 플라스틱은 GFRP(Glass Fiber Reinforced Plastics), 탄소섬유 강화 플라스틱은 CFRP(Carbon Fiber Reinforced Plastics)라 칭한다.

FRP는 경량으로 강도가 높고, 탄성이 높고, 내충격성, 내열성, 내수성, 내약품성, 전기절연성 등에 뛰어난 특성이 있기 때문에 다양한 용도로 사용되고 있다.

복합재료는 여러 가지 재료를 조합시켜 만들기 때문에 목적과 용도에 부합하는 특성을 지닌 제품을 만들어낼 수 있다.

목적과 용도에 대응하여 유연하게 설계가 가능한 목적지향형 재료라 말할 수 있다.

요점 체크	• 복합재료는 2종류 이상의 재료를 조합시킨 재료이다. • 플라스틱에는 섬유강화 플라스틱 등이 있다.

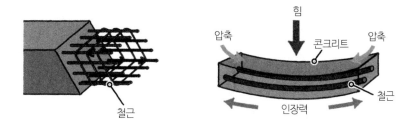

그림 6 철근콘크리트의 구조

그림 7 탄소섬유 강화 플라스틱으로 만든 비행기

전세계에서 선구적으로 도입된 ANA 보잉 787

미국 보잉사의 차세대 중형 여객기 B787은 주날개를 포함 동체의 약 50%가 탄소섬유 강화 플라스틱이라는 재료로 만들어졌다. 탄소섬유 강화 플라스틱은 이전부터 항공기의 재료로서 사용되어 왔으나, 민간 항공기에 이 정도까지 플라스틱이 사용된 것은 세계 최초이다. '주날개까지 플라스틱으로 만드는 것이 괜찮은 건가?'라고 생각한 사람이 있을지도 모르겠지만, 탄소섬유 강화 플라스틱은 종래 사용되어 온 알루미늄합금과 티타늄합금에 비교하여 강도와 내구성이 뛰어나고, 동시에 경량이라는 특징을 지니고 있다. B787은 기체에 플라스틱을 많이 사용함에 따라 ① maintenance성이 대폭으로 향상, ② 기체를 대폭적으로 경량화 함에 따라 최고속도를 높이면서 연비도 종래보다 20% 향상, ③ 항공거리가 종래 동일 기종에 비하여 4,000km 향상될 정도로 경제성, 효율성이 뛰어난 항공기가 되었다.

06 용도와 관찰, 간단한 실험으로서 분별방법

플라스틱의 분별법

우리들 주위에는 많은 플라스틱 제품이 있다. 이러한 제품은 한번 보면 같은 플라스틱 재료로 만들어진 것 같이 보일 수 있으나 모두 동일 재료로 만들어져 있다고 할 수 없다. 플라스틱을 분별하는 방법을 생각해 보자.

플라스틱은 부드럽고, 딱딱하고, 가볍고, 부패되기 어렵다는 등의 성질을 지니고 목적에 대응하여 사용이 나누어져 있다. 때문에 제품에 사용되고 있는 플라스틱은 그 제품의 용도에 따라 대개 정해져 있다. 그러므로 제품의 용도에서 어떤 플라스틱이 사용되어 있는가를 어느 정도 예상할 수 있다. 표 3은 여러 가지 상품에 사용되고 있는 플라스틱을 정리한 것이다. 예를 들어 수퍼마켓의 투명한 포장용기는 폴리스티렌 혹은 폴리프로필렌이지만 전자레인지 가열이 가능한 표시가 붙어 있는 것은 폴리프로필렌이다.

플라스틱은 본 그대로 판단하거나 구부려본다거나 불에 넣어본다거나 태워본다거나 해서 어느 정도 분별할 수 있다.

표 4는 플라스틱을 관찰과 간단한 실험으로 분별하는 방법을 정리한 것이다. 예를 들면 투명한 플라스틱이라 하면 보는 그대로 같은 것이라도 구부려보면, 아크릴 수지는 깨지고, 폴리에틸렌테레프탈레이트는 하얗게 된다. 이러한 방법이 반드시 확실하게 플라스틱을 분별할 수 있는 것은 아니지만, 지식으로서 기억해 두면 도움이 될 것이다. 또 용도로 분별하는 방법과 관찰과 간단한 실험으로의 분별방법을 조합하여 판단하면 어떠한 플라스틱이 사용되어 있는가 예상하기 쉬울 것이다. 예를 들어 본 그대로 같은 투명한 플라스틱이라도 포장용기에 사용되고 있는 것은 폴리스티렌이고, 수조에 사용되고 있는 것은 아크릴 수지인 것처럼 예상이 가능하다.

요점 체크
• 용도와 직관, 실험에서 플라스틱을 크게 분별할 수 있다.
• 분별방법을 조합시키면 보다 정확하게 예상할 수 있게 된다.

표 3 용도로 분별하는 방법

물 품	사용하고 있는 플라스틱
랩필름	폴리에틸렌(PE), 폴리염화비닐덴(PVDC)
비닐봉투, 쓰레기봉투	폴리에틸렌(PE)
야채 등 밀폐보관용기	폴리스티렌(PS, 전자레인지 사용불가 70~90℃)
	폴리프로필렌(PP, 전자레인지 사용가능 110~130℃)
식기류	멜라민수지(MF)
페트병	폴리에틸렌 테레프탈레이트(PET)
컵라면용기	발포 폴리스티렌(PS, 백색)
전선코드의 피복	연질 폴리염화비닐(PVC)
하수파이프, 빗물받이	경질 폴리염화비닐(PVC)
1회용 라이터	AS수지(AS)
대형수조	아크릴수지(PMMA)
CD, DVD	폴리카보네이트(PC)
조리기구, 전기회로기판	페놀수지(PF)

표 4 관찰과 간단한 실험으로 분별하는 방법

본 즉시 판단한다	
투명	아크릴수지(PMMA), 폴리스티렌(PS), 폴리에틸렌 테레프탈레이트(PET), AS수지(AS), 폴리염화비닐(PVC, 착색되어 있는 것도 많다), 폴리카보네이트(PC)
반투명	폴리에틸렌(PE), 폴리프로필렌(PP)
불투명	ABS수지(ABS), 페놀수지(PF)
구부려서본다	
부서진다	아크릴수지(PMMA), 폴리스티렌(PS), AS수지(AS), 폴리카보네이트(PC), 페놀수지(PF)
하얗게 된다	경질 폴리염화비닐(PVC), ABS수지(ABS), 폴리에틸렌 테레프탈레이트(PET)
변화 없음	폴리에틸렌(PE), 폴리프로필렌(PP), 연질 폴리염화비닐(PVC)
물에 넣어본다	
뜬다	폴리에틸렌(PE), 폴리프로필렌(PP)
가라앉는다	아크릴수지(PMMA), 폴리스티렌(PS), 폴리염화비닐(PVC), PET, PC, AS수지, ABS수지, 페놀수지(FP)
태워본다	
폴리에틸렌(PE)	천천히 타고, 양초와 같은 냄새가 난다.
폴리프로필렌(PP)	천천히 타고, 석유와 같은 냄새가 난다.
폴리스티렌(PS)	그을음을 내며 잘 탄다.
PET, PVC	그을음을 내며 타나 불끄기가 쉽다.

07 폴리머에서 플라스틱으로

성형가공법①

이제부터는, 폴리머가 플라스틱이 되는 최종단계 즉 '형태만들기' 부분에 들어간다. 또한 성형가공법은 대략 형태를 정하는 일차가공과 융착과 도장 등의 이차가공으로 나누어져 있으나, 여기에서는 일차가공에 대하여 설명하기로 한다. 일반적으로 성형법은 열을 가하여 조청(물엿) 상태로 하여(용융시켜) 형을 만드는 것을 지칭한다. 용융한 수지를 어느 형태로 만드는 것에 따라서 여러 가지 성형법으로 분류된다.

① 사출성형(인젝선성형 그림 8)

용융시킨 폴리머를 피스톤으로 금형의 빈 공간에 눌러 넣는 방법으로 입체적인 성형품을 만드는데 적합하다. 플라스틱모델 부품은 사출성형으로 만든다. 이 방법에서는 성형품에 수지를 주입한 흔적이 남는다. 예를 들어 푸딩 등의 용기(두꺼운 것)에서는 바닥면의 중앙부분에 작은 돌기가 남아 있으나, 그것은 수지를 넣었던 부분(gate, 게이트)이다. 그 외 CD나 DVD 등의 케이스도 가까이서 볼 수 있고, 컨테이너 등의 대형의 제품도 이러한 방법으로 만들어진다.

② 압출성형(그림 9)

용융한 수지를 압축하여 눌러 내어 동시에 출구 부분의 다이(die) 형태로 성형품을 만드는 방법이다. 이 방법에는 필름, 시트와 같은 평면적인 제품뿐만 아니라 튜브와 파이프 등도 만든다. 이러한 것은 어디를 잘라도 단면형태가 동일하다는 것이 공통으로 되어 있다. 원리적으로는 무한한 길이의 성형품을 만들 수 있고, 생산성이 뛰어난 성형법이다.

③ 캘린더성형(그림 10)

가열된 2개의 롤 사이에 폴리머를 용해시켜 필름 또는 시트로 하는 방법이다. 압출성형과 비슷하나 롤로 용융시키기 때문에 기본적으로 필름, 시트 같은 형상에 제한된다.

요점 체크	• 만들고 싶은 제품의 형태와 재료의 성질에 따라 성형방법을 선택할 수 있다. • 사출성형은 단속적(斷續)으로 성형하나 압출·캘린더성형은 연속으로 성형하다.

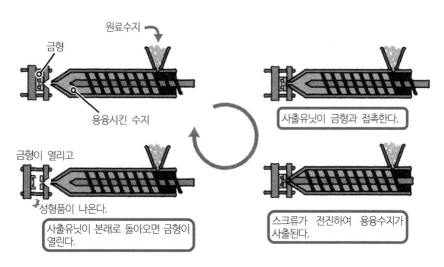

그림 8 사출성형(인젝션 성형)

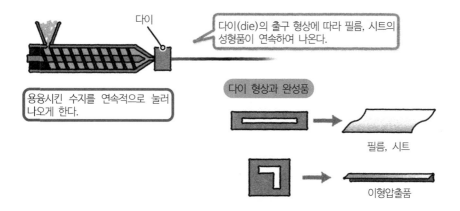

그림 9 압출성형

그림 10 캘린더성형

성형가공법 ②

④ 분말성형(그림 11)

이것은 미세한 가루가 용기의 안쪽 전면에 들러붙는 것을 이용한 방법이다. 가열한 금형에 분말상태의 수지를 넣어서 금형의 내면에 수지를 구석구석 접촉시킨다. 수지가루가 융착하면 금형틀을 냉각시켜 성형품을 추출한다. 부드러운 플라스틱 볼과 인형(가운데가 비어 있는 것) 등이 이러한 방법으로 만들어진다.

⑤ 압축성형(그림 12)

수지를 넣은 금형을 가열하여 수지를 용융시켜 압력을 가한 후 냉각하는 방법이다. 사출성형과 같이 입체적인 성형품을 만드는데 적합하다. 금형과 같이 가열·냉각하기 때문에 사출성형보다도 시간과 에너지가 더 소비된다. 용융상태에서 점도가 높아 사출성형이 어려운 재료와 열경화성 수지의 성형에 사용된다.

⑥ 중공성형(中空成形, 불로우 성형) (그림 13)

병 등을 만드는 방법이다. 먼저 사출성형에 의하여 패리슨(parison)이라 불리우는 시험관 또는 튜브와 같은 성형체를 만들고, 이것을 금형 안에서 가열하여 공기를 불어넣고, 팽창시켜 병을 만든다. 튜브의 패리슨을 사용한 경우는 바닥부분에 세로 봉 상태의 융착한 흔적이 남는다.

⑦ 인플레이션성형(그림 14)

먼저 압출성형으로 관 모양의 필름을 만들어, 뜨거운 동안에 공기압으로 팽창시켜 얇은 필름을 만드는 방법으로, 러프필름과 폴리봉투(폴리에틸렌으로 만든) 등이 이 방법으로 만든다.

⑧ 열성형(그림 15)

사출성형과 캘린더성형으로 만든 시트를 가열하여 부드럽게 해서 금형에 압착하는 성형방법이다. 트레이와 같은 거의 凹凸이 없는 것뿐만 아니라 젤리의 용기(얇은 것)와 달걀백 등이 이 방법으로 만들어진다.

요점 체크	• 분말성형은 사이클성형품을 만드는 방법으로 내부는 비어 있다. • 중공·인플레이션·열성형에서는 일단 성형한 것을 가공한다.

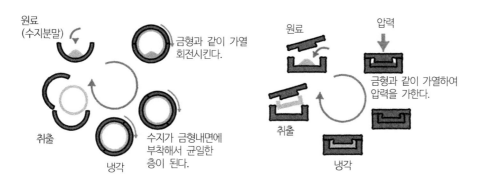

그림 11 분말성형의 예(회전성형)

그림 12 압축성형

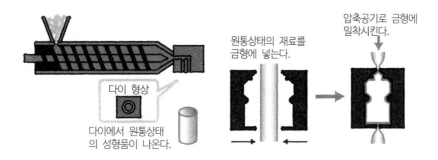

그림 13 중공성형(불로우 성형)

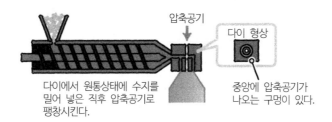

그림 14 인플레이션성형

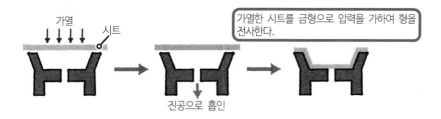

그림 15 열성형

08 플라스틱의 고성능화

고성능(高性能)과 고기능(高機能)은 다르다(본래의 의미와 실제로 사용하는 방법)

먼저 고성능과 고기능의 차이를 확인해보자(그림 16).

플라스틱은 가전제품의 하우징(housing) 등 말하자면 구조재료로서 사용하고 있다. 이와 같은 사용법에 필요한 성질은 용도에 따라 중요한 순번은 변화하는 것, 강도, 부서지기 어려운 것, 다소 높은 온도에도 변형되지 않는 것 등을 열거할 수 있다. 고성능 플라스틱은 이러한 성질이 뛰어나기 때문에 엔플라(ENPLA)와 수퍼 엔플라 등이 이것에 해당된다.

한편 고기능 플라스틱은 외부자극에 대하여 반응하고 어느 정도의 응답을 하는 것을 말한다. 구체적 기능으로는 도전성, 이온전도성, 가스투과성, 생분해성 등이 열거된다(그림 17). 고기능 플라스틱은 '특수한 기능'을 지니고 있기 때문에, 이것을 살릴 수 있는 특수한 용도에 사용된다. 구체적인 예로서 콘택트렌즈용의 산소투과성 플라스틱, 전자부품을 넣는 봉투 등에 사용되고 있는 도전성 플라스틱, 이차전지와 연료전지에 사용되는 고분자 전해질 등은 매우 특수한 부문에 사용되고 있기 때문에 일상생활에서 눈에 접촉되는 것이 제한되어 있다. 동시에 고기능 플라스틱은 기능성 플라스틱이라고도 부른다.

여기까지 고성능과 고기능을 구별하여 설명하였으나 실제로 이 두 가지로 구분이 어려운 것이 있다. 예를 들면 부서지기 어려운 것은 고성능화인 것이나 매우 하이레벨에서 '특수한 성질을 가한 것과 같다' 경우에는 기능을 추가하여 생각하면 '고기능'이라 표현할 수 있다. 사람에 따라 '초고성능'이라 표현할 수 있으나 고성능과 고기능은 거의 동의어로서 사용되는 실정이다.

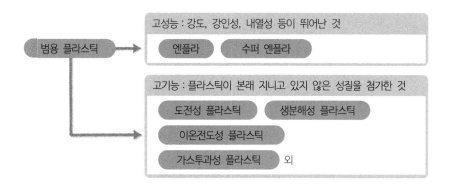

그림 16 고성능과 고기능

도전성(導電性) 플라스틱

· 대표적인 재료는 노벨상을 수상한 폴리아세틸렌
· 이 외에도 폴리피롤 등이 알려져 있다.
· 은·동 등 수준의 도전성은 어렵고, 저항값 또한 크다.
· 이미 대전방지의 필름 등이 사용되고 있는 것도 있다.
· 인쇄 등의 간편한 방법이 사용되는 가능성이 있고, 저항이 낮은 것이 생기면 매우 경제적인 회로가 가능할 것이라는 기대가 있다.

이온전도성 플라스틱

· 전기는 통하지 않으나 이온은 통하는 재료
· 산성 또는 알칼리성을 나타내는 부분을 화학적으로 도입한 플라스틱이 많다.
· 이온교환 수지로서 이미 사용되고 있는 것도 있다.
· 필름상태로 하여 각종 전지, 센서 등에 응용이 기대된다.

생분해성 플라스틱

· 미생물 등에서 최종적으로 물과 이산화탄소에 분해하는 것
· 대표적인 예로 폴리유산이나 그 외에도 몇 가지가 제안되고 있다.
· 버려져도 비교적 단기간에 분해되기 때문에 환경문제에서도 주목받고 있다.
· 고가이고, 성능이 떨어지고, 보관 중에 분해가 진행되는 단점이 있다.

가스투과성 플라스틱

· 이미 콘택트렌즈용으로 실용화 되어 있다.
· 특정의 가스만을 투과시키는 것이 가능하며 분해막으로의 응용이 기대된다.

그림 17 고기능 플라스틱(기능성 플라스틱)의 예

09 온도가 오르면 변화하는 성질

글라스(유리)상태와 고무상태

실온에서는 딱딱한 플라스틱이라도 온도가 오르면 그림 19와 같이 부드러워지게 되어 사탕과 조청과 같이 유동성이 있다. 여기에는 폴리머의 성질을 생각한 결과 기초가 되고, 유동에 이르기 까지의 거동에 대하여 설명한다.

딱딱한 상태의 플라스틱은 얼음과 같이 동결된 상태라 말할 수 있다. 고분자를 만들고 있는 원자는 덜 진동하고 있으나 폴리머 자체는 움직이지 않는 상태이다. 이것을 글라스 상태(그림 19의 왼쪽)라 부른다. 이 플라스틱에 열을 가해서 조금씩 온도를 높여가면 어느 온도에서 급격하게 부드러워지게 된다. 그러나, 그때는 고무와 같은 상태로 조청과 같이 흐르지는 않는다. 분자의 일부는 움직이기 시작하나, 같은 부분이 계속 움직이고 있는 것이 아니고, 찰나의 순간에 그 부분이 동결상태로 돌아가서, 다른 부분이 움직이고 있다. 이것을 고무상태(그림 19의 가운데)라 한다. 고무상태에서 계속 당기면 조금씩 늘어난다.

글라스상태에서 고무상태로 변하는 온도를 글라스 전이온도(또는 글라스 전이점)이라 하고, 폴리머의 성질을 생각한 이상 매우 중요한 것이다. 단, 이 전이는 얼음이 물이 될 때와 같이 일정한 온도에서 일어나는 것이 아니라 글라스 전이온도 부근에서 조금씩 변하고 있기 때문에, 전이온도를 특정하는 것은 매우 어렵고, 측정방법에 따라 차이가 없다. 이 온도부근에서 재료가 유연하게 되기 때문에 연화온도와 열 변형온도는 거의 같으나 측정방법이 다르기 때문에 온도가 조금씩 차이가 있다.

동시에 온도가 올라가면, 움직이는 부분이 점차 증가하여 가고, 최종적으로는 용융상태(그림 19의 오른쪽)가 되나 이때에도 용융상태로 되는 온도폭이 있다.

글라스 전이온도를 높게 하기 위해서는 고분자가 움직이기 어렵게 하면 된다. 즉 구부리기 어려운 구조로 하든가, 옆의 분자와 밀착된 결합구조로 하는 방법이 있다. 또 고분자끼리 화학적으로 들러붙게 하여도 글라스 전이온도가 올라간다.

| 요점 체크 | • 플라스틱이 부드럽게 되는 온도를 글라스 전이온도라 한다.
• 글라스 전이온도를 높이는 것은 고분자 움직임을 어렵게 한다. |

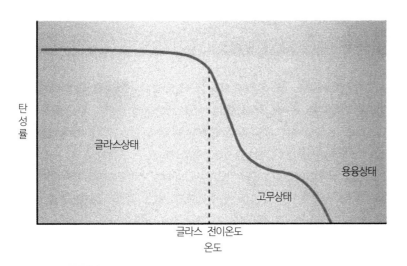

온도를 올려 가면, 글라스상태 → 고무상태 → 용융상태로 변화

그림 18 온도를 높였을 때 플라스틱의 탄성률

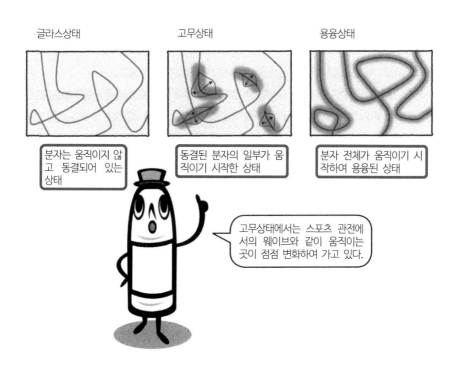

그림 19 마이크로에서 본 분자운동 이미지

10 플라스틱의 강도와 신축성

다음은 기계적 성질을 설명하기로 한다. 플라스틱을 당기면 저항하는 힘은 점점 증가하고 있다. 이 힘을 응력이라 한다. 거의 늘어나지 않을 때 응력은 늘어난 길이에 비례하며, 당기는 것을 멈추면 본래대로 돌아간다. 이것은 스프링과 같은 동작으로 탄성변형이라 불리운다(그림 20).

탄성변형을 마이크로로 보면 그림 21의 우측과 같이 실공상태 고분자의 틈이 조금 벌어진 정도로 실공 자체의 형태는 변하지 않는다.

동시에 늘려 가면 부서지기 쉬운 재료는 깨져버린다. 이것의 전형적인 예로서는 폴리스티렌(PS)으로 투명하고 딱딱한 재료이나, 반면에 부서지기 쉽다는 결점이 있다. 이러한 재료는 취성재료라 한다.

이러한 재료에 대하여 강한 재료에서는 탄성변형을 넘어서도 늘어난다. 이때의 응력은 대략 일정하나 조금씩 올라가고 있다. 단, 응력이 올라갈 때에도 탄성변형과 같이 당겨진 길이와 응력은 비례하지 않는다. 이러한 변형을 소성변형이라고 한다.

소성변형을 하면, 당기는 것을 멈추어도 본래로 돌아갈 수 없다(그림 21의 아래). 이와 같은 재료를 연성재료라 칭하고, 예로서는 폴리카보네이트와 나일론을 열거할 수 있다. 연성재료는 고분자 간의 결합이 많기 때문에 글라스 전이온도 이하에서도 실공의 형태가 변형되고 있다. 그러기에 탄성변형에서 소성변형으로 변하는 곳에서 응력이 극대치로 나타난다. 이 점을 항복점이라 한다. 항복점을 넘으면 변형이 시작되고 잘록한 부분이 생긴다. 이 잘록한 부분에는 단면적이 작게 될 부분만큼 큰 힘이 가해지기 때문에 파단되지만, 고분자에서는 당겨 늘린 방향에 분자가 집합되어 있는 것으로 강하게 되고, 이 경우에서는 잘록한 부분이 점점 커지게 된다. 이 현상을 네킹(necking)이라 부른다.

> **요점 체크**
> • 변형 초기는 탄성변형으로 스프링과 같이 거동을 한다.
> • 결합이 많은 연성재료는 탄성변형에서 계속하여 소성변형을 한다.

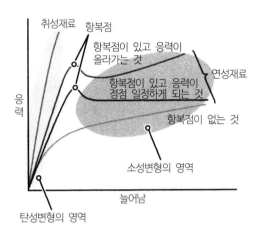

그림 20 탄성변형과 소성변형

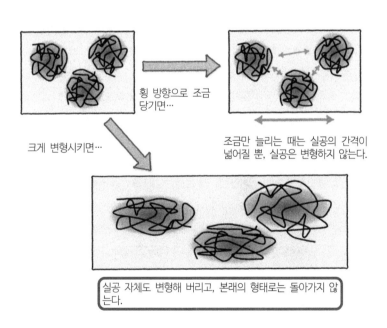

그림 21 마이크로로 본 탄성변형과 소성변형

11 스프링의 성질과 조청의 성질

전항에서 플라스틱을 당길 때 어떻게 되는가를 설명하였으나, 여기에서는 고무에 관하여 설명하기로 한다. 왜 고무이야기를 하는가 하면, 플라스틱은 고온에서 고무상태로 되나, 실은 그 상태에서 고분자 특유의 성질을 나타내기 때문에 플라스틱을 이해하는데 중요하기 때문이다.

가교된 고무에 추를 매달은 경우를 생각하여 보자(그림 22).

최초에는 어느 정도 길이가 늘어나지만, 점차로 늘어나는 것이 크게 된다. 이 현상은 스프링과 크게 차이가 없는 점으로 크리프(creep)이라 하는 현상이다. 이와 같은 움직임을 하는 이유는 고무는 탄성뿐이 아니라 점성도 포함되어 있기 때문이다(그림 23). 점성은 조청과 같은 성질로 예를 들면 조청에 봉을 넣어 휘저을 때, 빠르게 움직여야 할 때는 강한 힘이 필요하게 된다. 역으로 천천히 하면 작은 힘으로 간단하게 움직일 수 있고 힘을 들이지 않는 상태에서 하여도 스프링과 같이 본래의 형태로 돌아오지 않는다. 고무는 탄성과 점성의 양쪽을 지니고 있기 때문에 점탄성체라 칭한다.

이상에서 본 관점에서 이미 한번 추를 매달았던 그림 22의 실험은 다시 보면, 고무에 추를 매달은 순간은 한 번에 변형하기 때문에 점성이 효력이 있다. 이때 강한 응력이 나온다. 그러나 계속 놓아두면 거의 움직임이 없기 때문에 점성부분은 나중에는 제로에 가깝게 된다. 이것은 늘어남이 나중에는 크게 되어가는 이유이다. 온도가 높게 되면 점성이 낮아지기 때문에 늘어나는 것이 일정하게 되는 것이 빠르다.

모델로서, 대시보드와 스프링을 병렬로 연결한 것이 사용된다(그림 24). 대시보드는 늘어나거나 수축되는 움직임을 방해하는 움직임을 한다. 또 그림은 역으로 어떤 길이에 늘어난 상태에서 보존된 응력변화(응력완화)는 같은 원인으로 조금씩 작게 되고, 어느 수치에서 일정하게 된다.

| 요점 체크 | • 고무는 탄성과 점성 양쪽을 지니고 있기 때문에 점탄성체라 부른다.
• 움직임이 없는 경우, 점성은 응력에 기여하지 않고 응력은 탄성만으로 결정된다. |

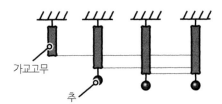

가교고무

추

그림 22 크리프(creep)

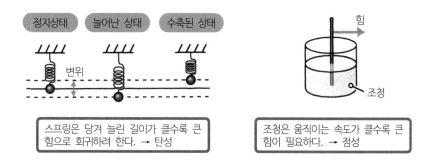

정지상태　늘어난 상태　수축된 상태

변위

힘

조청

스프링은 당겨 늘린 길이가 클수록 큰
힘으로 회귀하려 한다. → 탄성

조청은 움직이는 속도가 클수록 큰
힘이 필요하다. → 점성

그림 23 스프링과 조청

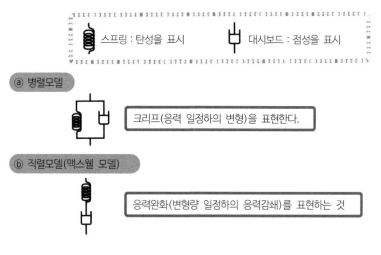

스프링 : 탄성을 표시 　 대시보드 : 점성을 표시

ⓐ 병렬모델

크리프(응력 일정하의 변형)을 표현한다.

ⓑ 직렬모델(맥스웰 모델)

응력완화(변형량 일정하의 응력감쇄)를 표현하는 것

그림 24 고무의 모델

12 당겨서 강하게 한다

여기에서는 고성능화에 대하여 설명하겠다. 섬유는 매우 가는 것에도 불구하고, 매우 강인하다. 플라스틱의 고성능화를 생각하는 이상, 이 섬유의 강인성은 참고가 되기 때문에 우선, 고성능화에 대한 언급을 하려 한다.

옛날에는 동물과 식물에서 얻을 수 있는 천연소재를 실로서 짜놓았으나 현재에는 화학섬유로 많이 사용된다. 대표적인 것으로 나일론과 폴리에스테르이다. 앞에서 설명한 것과 같이 이러한 폴리머는 축합계 폴리머로 분류된다. 축합계 폴리머의 대다수는 폴리머의 주사슬에 옆의 분자와 강하게 흡착되어 있는 부분이 있어 결정성을 지니고 있다.

결정성 폴리머를 당기면 무정형의 부분이 배향결정화 하여 강하게 되기 때문에(그림 25) 섬유를 만들 때는 실상태의 수지를 확실하게 당겨 늘려서 배향 결정화 시켜 강도가 나오도록 한다.

필름의 경우도 동일하게 당겨서 강하게 한 것이 있다(연신 필름). 연신(잡아 늘린) 한 방향에는 강하게 되나 수직방향은 강하지 않다. 즉 방향에 따라 강도가 다른 필름이 된다. 이것을 해결하기 위해서 PET와 폴리프로필렌 등의 필름에서는 종(세로)과 횡(가로)의 양방향에서 당긴 2축연신 필름이 있다(그림 26).

연신한 필름은 고분자의 사슬이 당겨 늘린 상태로 되어 있기 때문에 분자가 움직여서 나올 온도가 되면, 첫 번째 거심지의 둥근형으로 돌아간다. 즉 연신한 필름은 열을 가하면 수축한다는 것이다. 이 성질을 이용한 것이 슈링크 필름(shrink film)이라 하는 것이다(그림 27). 예를 들어 PET병 표면에는 상품명 등이 쓰여 있는 얇은 필름이 있으나 이것은 통 상태로 한 슈링크 필름에 PET병을 넣어서 열을 가하여 수축시켜 고정하는 것이다.

요점 체크	• 섬유는 결정성 폴리머로 당겨 늘려서 배향 결정화 하면 강해진다.
	• 결정성 폴리머의 필름도 당겨 늘리면 배향 결정화로 강하게 된다.

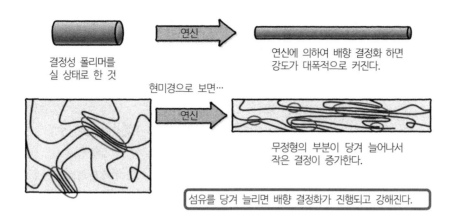

그림 25 섬유의 연신

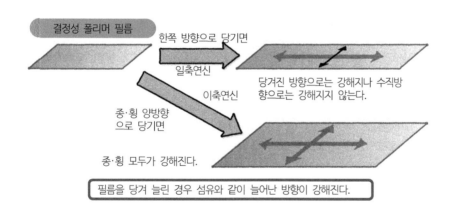

그림 26 필름의 연신

그림 27 슈링크 필름(shrink film)

13 플라스틱을 좀 더 강인(强靭)하게 한다

'강하다'고 하여도, 딱딱하여 변형하기 어려운 것, 변형하나 부서지기 어려운 것, 장기간 사용해도 괜찮은 것 등 여러 가지 이유에서 '강함'이 있다. 각각의 개량방법이 차이가 있기 때문에 여기서는 '딱딱하여 변형하기 어려운' 것이라는 시점에서 설명하기로 한다.

결정성 플라스틱에서는 결정을 증가하는 것으로 딱딱하게 된다. 바꾸어 말하면, 결정화되기 쉬운 재료는 딱딱하게 되기 쉽다고 할 수 있다. 결정이 증가하면 고온에도 견딜 수 있게 되기 때문에 엔플라와 수퍼 엔플라로 분류되는 결정성 플라스틱은 결정화되기 쉬운 것이다(그림 28). 단, 결정의 비율이 지나치게 증가하면 부서지기 쉽기 때문에 결정성이 높은 쪽이 좋다고는 말할 수 없다.

또, 액정(液晶)의 성질을 지닌 폴리머는 강인한 것이라 알려져 있다. 플라스틱을 열로 녹이면 조청상태로 되어서 유동적이게 되지만 폴리머에 액정의 성질이 있으면 녹은 상태에도 옆의 분자와 강하게 서로 끌어안고 배향(配向)한다. 이것을 액정 폴리머라 한다(그림 29).

액정 폴리머는 매우 강하고, 직물로 하면 총탄도 통과하지 못하기 때문에 방탄조끼에 사용한다든가, 벨 매트 등의 성형품에도 사용되어진다. 나사(NASA)의 화성탐사기의 착륙용 에어백으로도 사용되었다.[4]

또 액정 폴리머의 시트는 가볍고 강인하기 때문에 스키판과 테니스라켓 등에 사용되고 있다.

동시에 강도를 올리기 위해 섬유의 힘을 빌리는 방법이 있다(그림 30). 이것에는 섬유의 가루를 플라스틱에 분산시키는 방법과 직물로 된 섬유에 폴리머를 침투시키는 방법이 있으나 후자의 경우, 점도가 낮지 않으면 직물에 침투하지 않기 때문에 모노머를 침투시키는 중합을 한다. 많은 경우 열경화성 수지가 사용된다. 사용되는 섬유는 글라스섬유, 탄소섬유 등이 있고 '섬유(fiber)로 강화시킨 플라스틱' 등으로 FRP(Fiber Reinforced Plastics)라 부른다. FRP는 경량으로 매우 강도가 높기 때문에 자동차의 범퍼 등에 사용된다.

요점 체크	• 결정이 많으면 딱딱하게 되고, 내열성도 뛰어나게 된다. • 액정 폴리머는 강인한 플라스틱이다.

---

4) 주식회사 쿠라레(Kuraray)가 세계 최초로 공업화한 폴리아릴레이트계 고강력 수퍼 섬유 '벡트란(Vectran)'

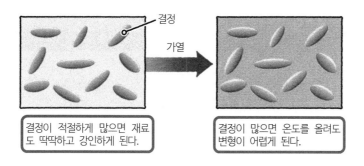

그림 28 플라스틱의 결정과 강도, 내열성

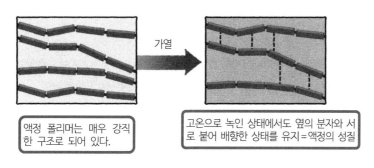

그림 29 액정 폴리머

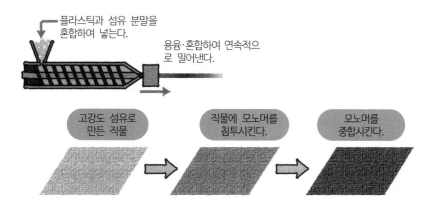

그림 30 FRP를 만드는 방법

14 좀 더 열에 강하게 한다

앞에서 플라스틱의 온도를 올리면 어떻게 되는가에 대하여 용융까지 설명을 하였다. 여기서는 고온으로 한 경우에 관하여 설명하기로 한다.

용융상태에서 동시에 온도를 올려 가면 재료의 분해가 시작된다(그림 31). 분해가 시작되는 온도를 열분해 온도라 한다. 플라스틱은 유기물이기 때문에 금속과 세라믹 정도로 고온에서는 견딜수 없다(표 5). 통상 플라스틱의 열분해 온도는 300~400℃ 전후로 생각된다. 열분해에서는 고분자의 긴 사슬이 랜덤으로 절단되어 가는 것이 일반적이다. 또 공기 중 산소에 따라 분해가 촉진되고 산소가 적은 만큼 고온까지 분해되지 않는 것을 알 수 있다.

아크릴 수지는 무색투명으로 단단하고 깨끗한 플라스틱이나 열분해에서는 랜덤한 절단과 함께 폴리머의 끝에서 점점 모노머의 형태로 떨어져 가고 별도의 분해도 일어난다. 이 분해는 패스너(지퍼)를 여는 것과 유사하기에 지퍼형의 분해라 불리우나 눈에 띄는 것은 중합의 역으로 있기 때문에 해중합(解重合)이라고도 칭한다.

아크릴 수지의 경우 온도가 높아지면 점점 분해가 격해지고 400℃ 부근에서 타 버린다. 따라서 시판되는 아크릴 수지는 해중합 하지 않는 별도의 모노머를 미량 공중합(共重合)하여 그것을 방지하는 것과 동시에 제품에 따라서 열분해를 방지하는 약제를 첨가한다.

한편, 플라스틱의 구조에서 열분해 온도를 높인 것도 존재한다. 내열성 고분자의 대표적인 것으로서는 열분해 온도가 500℃ 이상의 폴리이미드(polyimide)를 열거할 수 있다. 전기절연성에도 뛰어나기 때문에 전자회로의 절연재료에 사용되고 있다.

반면에 녹이는 용제가 없고 고온에서도 용융되지 않는 점에서 가공이 어렵고 많은 경우는 폴리이미드가 되기 직전의 것을 성형하여 놓고, 그 후에 300~500℃로 열처리하여 폴리이미드로 하는 방법을 택한다.

요점 체크
• 폴리머를 고온으로 하면 분자가 랜덤으로 절단되고 분해한다.
• 폴리이미드는 내열성이 뛰어나고, 500℃ 이상에서 분해한다.

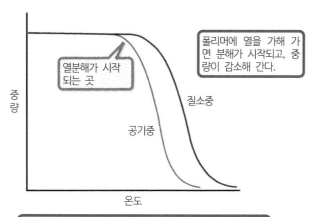

질소중(산소가 없는 상태)에서 측정하면 공기중보다도 높은 온도에서 분해하지 않는다. → 산소는 분해에 관련되어 보다 낮은 온도에서 분해시킨다(연소한다).

그림 31 열에 의한 폴리머의 분해

표 5 수지의 내열성(질소 중에서 측정한 수치)

수 지	5% 중량 감소온도(℃)
폴리염화비닐	270
폴리아세탈	300
폴리스티렌	380
폴리프로필렌	420
저밀도 폴리에틸렌(LDPE)	430
에폭시 수지	340
테플론	530

공기중에서 측정하면, 공기에 포함되어 있는 산소에 의해 산화된다(연소한다). 때문에 질소중보다도 낮은 온도에서 분해가 시작된다.

플라스틱은 300℃ 근처에서 열분해 하는 것도 있다.

15 좀 더 부서지기 어렵게 한다

플라스틱으로 만든 간판이 부서지는 것을 발견한 적이 있을 것이다. 그것은 사물이 부딪혀서 충격을 받아 부서지는 것이다. 부서지기가 어려운 성질을 내충격성이라 한다. 여기서는 내충격성을 향상시키는 방법을 정리하여 보자.

플라스틱의 내충격성을 향상시키기 위하여 재료를 딱딱하게 하는 것은 역효과로 고무와 같이 부드러운 성분을 넣는 것이 효과적이다. 이 고무를 넣는 방법도 연구할 필요가 있고, 플라스틱이라는 바다에 섬 상태의 고무를 떠다니게 하는 구조를 만들어야 한다(그림 32). 그 이유는 섬 상태로 있으면 고무를 넣어도 플라스틱으로서의 성질이 거의 변하지 않기 때문이다. 또 바다가 되는 플라스틱의 무른 정도에 따라 유효한 고무의 섬 크기가 있어, 무르면 무를수록 큰 사이즈의 섬이 유효하게 되는 경향이 있다고 알려져 있다.

다음은 스티렌계 수지로의 개량을 설명한다. 설명에 사용하는 스티렌계 수지는 폴리스티렌과 AS수지이다. AS수지는 아크릴로니트릴과 스티렌이라 하는 모노머를 랜덤으로 공중합 한 것이다. 이러한 수지의 경우 마이크로메탈 사이즈의 고무입자를 넣는다. 고무를 넣은 폴리스티렌은 HIPS(High Impact Polystyrene)이라 하고, 한편 AS수지에서는 고무 성분에 부타디엔을 사용하기에 모노머의 앞 문자를 따서 ABS수지라 한다. 어느 것이나 내충격성은 대폭적으로 개선되고 있지만 고무 성분과 플라스틱 성분으로 굴절률이 다르기 때문에 불투명하다(그림 33). 따라서 용도는 불투명하여도 문제가 없는 것에 제한된다. 예를 들면 ABS수지는 세면기 등의 일용품에 사용된다.

한편 투명한 상태로 내충격성을 올리는 것은 고무 성분의 굴절률을 조절할 필요가 있다. 불투명한 것보다 내충격성이 열세이지만 각각의 투명 등급으로서 팔리고 있다.

요점 체크	• 플라스틱에 고무를 섬 모양으로 떠다니게 하면 부서지기 어렵다. • HIPS와 ABS 수지 등은 이 방법으로 부서지기 어렵게 한 대표적인 예이다.

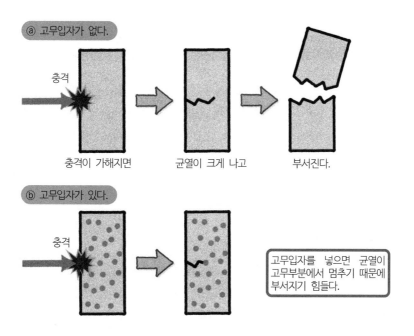

그림 32 고무입자의 효과

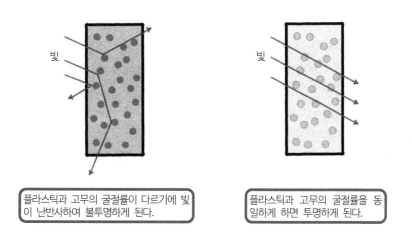

그림 33 굴절률과 투명성

16 좀 더 투명하게 한다

우리 주변에서 투명한 플라스틱을 몇 종류 발견할 수 있으나(표 6), 대표적인 것으로 폴리카보네이트(PC)와 아크릴 수지가 대표적이라 할 수 있다.

순수하게 투명성만으로 비교하면 PC보다도 아크릴 수지 쪽이 훨씬 뛰어나다. 아크릴 수지는 플라스틱의 광파이버의 대표로, 물론 석영글라스에는 미치지 못하지만 플라스틱 중에서는 특히 투명성이 높다. 그러나 부서지기 쉽다는 결점이 있기 때문에 CD와 DVD의 디스크에는 PC가 사용되고 있다. CD와 DVD의 경우 데이터를 읽는 빛은 디스크판의 두께 방향을 왕복하는 것이기 때문에 아크릴 수지보다 투명성이 없어도 지장이 없다. 단, PC를 광학용도로 사용하기에는 복굴절(複屈折)(그림 34)이 크다는 문제를 극복할 필요가 있다. 먼저 복굴절이란 무엇인가를 설명해 보자.

방해석(方解石)이라는 재료는 투명한 광물이지만, 이것을 통과하는 상을 보면 같은 상을 2개 볼 수 있다. PC도 동일하게 폴리머를 당겨 늘릴 때, 폴리머의 사슬의 방향과 수직방향으로 굴절률이 차이가 있다(그림 35).

폴리머는 성형할 때에 흐르는 방향으로 당겨 늘리는 구조가 되기 때문에 복굴절이 생기는 원인이 된다. 이 경우 종(세로)방향과 횡(가로)방향에서 초점거리가 다르기 때문에 데이터를 읽는 것이 어렵게 된다. 이것을 해소하기 위하여 분자량을 작게 하거나 성형방법을 새롭게 개발하여 복굴절을 가능하면 작게 하는 연구를 하고 있다.

또 용도에 따라서는 굴절률도 문제가 된다. 굴절률이 높으면 반사광이 많아지기 때문에 예를 들면 액정디스플레이의 화면 등에서는 밖의 경색(景色)이 반사되기 쉽다. 이를 방지하기 위하여 고급기종에서는 반사방지 코팅을 시행하고 있다.

| 요점 체크 | • 투명성이 뛰어난 플라스틱은 아크릴수지와 폴리카보네이트(PC)이다.
• 용도에 따라 복굴절의 저감과 반사방지 등의 개선이 되고 있다. |

표 6 투명 플라스틱의 용도 예

분 야	예	대표적 수지
디스플레이 관련	도광체, 표시부 커버	PC, 아크릴 수지
광통신 · 정보 관련	광파이버, 광디스크	PC, 아크릴 수지
건축재료 등	펜스, 지붕	PVC, 아크릴 수지, PC
각종 포장	필름, 시트, 병, 랩 케이스, 투명용기	PET, PP, LDPE, PVC, 폴리스티렌 PVA, PVDC, 나일론, PBT
의료 관련	약 액체백, 튜브류	PVC, PP, HDPE, PC, PET
그 외	자동차 전면 램프렌즈 자동차 후면 램프렌즈 환풍기 날개	PC 아크릴 수지 AS 수지

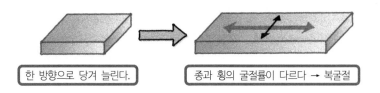

한 방향으로 당겨 늘린다.   종과 횡의 굴절률이 다르다 → 복굴절

그림 34 연신과 복굴절

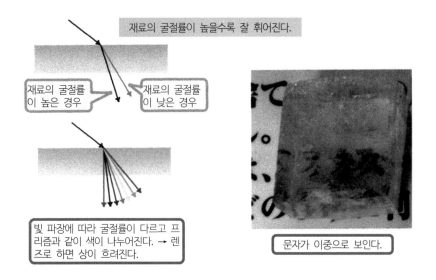

재료의 굴절률이 높을수록 잘 휘어진다.

재료의 굴절률이 높은 경우

재료의 굴절률이 낮은 경우

빛 파장에 따라 굴절률이 다르고 프리즘과 같이 색이 나누어진다. → 렌즈로 하면 상이 흐려진다.

문자가 이중으로 보인다.

그림 35 빛의 파장에 따른 굴절률 차이의 영향과 방해석에 의한 복굴절

17 나일론과 아라미드 섬유

강철보다 강하고, 거미줄보다 가늘다

여기에서는 고성능화된 플라스틱에 대하여 몇 가지 설명한다. 먼저 섬유 이야기부터 설명하기로 한다.

섬유에는 여러 가지 종류가 있으나, 크게 분류하면 천연섬유와 화학섬유가 있다(표 7). 천연섬유는 마와 목화 등의 식물에서 얻을 수 있는 셀룰로오스를 주성분으로 한 식물섬유, 양과 누에 등의 동물에서 얻어지는 단백질을 주성분으로 한 동물섬유 등이 있다. 화학섬유는 화학적 처리로 만들어진 섬유로 천연고분자를 화학약품으로 처리하여, 용해한 후에 섬유로 하는 재생섬유, 천연고분자와 화학약품을 화학반응시켜 만든 반합성섬유, 석유를 원료로 하는 합성고분자에서 만들어진 합성섬유 등이 있다. 여기서는 폴리아미드계의 합성섬유를 설명하기로 한다.

폴리아미드계의 나일론은 1935년 미국 듀폰사의 월리스 흄 캐러더스(Wallace Hume Carothers, 1896~1937년)에 의해 세계 최초로 만들어진 합성섬유이다. '석탄과 물, 공기에서 만들 수 있고, 강철보다 강하고 거미줄보다 가늘다'라고 하는 캐치 카피로 발표되어 현재까지 의료품, 자동차 시트, 카펫, 낚싯줄, 기타줄 등 넓은 분야에서 사용되고 있다.[5]

아라미드 섬유도 폴리아미드계이나 나일론이 폴리에틸렌과 같은 탄소원자와 연결된 기본골격 구조를 지닌 것에 대하여, 아라미드 섬유는 평면상태의 거북등의 분자가 연결된 골격구조를 가지고 있다(그림 36).

섬유 안에서 폴리머 서로가 정확한 규칙으로 배열하고, 서로 강하게 결합하고 있기 때문에 매우 높은 강도를 지니고 있다. 직선상태의 파라(para)형은 당겨 늘리는 강도가 강하고, 지그재그 상태의 메타(meta)형은 내열성, 내약품성, 난연성에 뛰어나다. 아라미드 섬유는 항공기의 보강재, 내진보강 등의 건축자재, 방탄조끼, 헬멧, 군수용 등 고강도 및 내구성이 필요한 용도에 사용된다. 또 뛰어난 난연성 때문에 아스베스트(석면)의 대체품으로 사용된다.

요점 체크	• 아라미드 섬유는 거북등의 분자구조로 폴리머 서로의 결합력이 강하다. • 아라미드 섬유는 경량으로 동시에 고강도이고 내구성, 난연성이 뛰어나다.

---

5) 최근에는 나일론 대신에 폴리에스테르 섬유가 사용되고 왔다.

표 7 섬유의 분류

천연섬유	식물섬유	천연고분자	마, 목화 등
	동물섬유		양모, 캐시미어, 누에 등
	광물섬유	광물	석면, 유리 등
화학섬유	재생섬유	천연고분자	레이온(인견), 큐프라(동실크) 등
	반합성섬유		셀룰로오스계(아세테이트), 재생단백질계(우유단백, 콩단백) 등
	합성섬유	합성고분자	폴리아미드계(나일론, 아라미드 섬유), 폴리에스테르계(PET), 폴리비닐알코올계(비닐론), 폴리올레핀계(폴리에틸렌, 폴리프로필렌), 폴리우레탄계(폴리우레탄), 아크릴계(아크릴로니트릴) 등
	무기섬유	무기화합물	유리섬유, 탄소섬유, 금속섬유 등

나일론 구조

아라미드섬유 구조
파라형(직선상태)

메타형(지그재그)

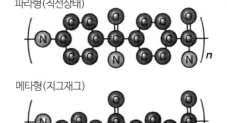

그림 36 나일론과 아라미드 섬유의 구조

아라미드 섬유로 만들어진 방탄조끼는 종래의 금속으로 만든 방탄조끼와 비교하여 매우 가볍기 때문에 활동하기 쉽게 되었다.

그림 37 방탄조끼

18 탄소섬유 플라스틱

강철보다 강하고, 알루미늄보다 가볍다

탄소섬유는 탄소원자에서 이루어지고, 탄과 흑연, 다이아몬드의 중간이다. 다이아몬드가 탄과 흑연보다 단단한 것은 탄소원자의 결합방식이 다르기 때문이다. 보통의 탄은 탄소원자가 불규칙으로 결합하고 있기 때문에 탄소원자 서로의 결합은 강하지 않다. 흑연은 탄소원자가 정육각형의 그물눈(망) 상태로 결합한 층이 다수 중복되어 있다. 정육각형의 탄소끼리는 강하게 결합되어 있으나 층과 층 사이의 결합은 강하지 않다. 다이아몬드는 1개의 탄소원자를 중심으로 4개의 탄소원자가 강하게 결합되어 있다. 이 구조의 차이에 따라 다이아몬드는 매우 강한 것이다(그림 38).

탄소섬유의 구조는 흑연에 가깝고, 섬유방향에 탄소원자가 규칙적으로 결합되어 있는 그물눈(망) 구조를 하고 있다. 때문에 섬유방향의 탄소원자의 결합이 매우 강하고, 섬유가 많이 중복되어 서로 얽혀 있다. 이러한 매우 강한 탄소원자의 결합방식에 따라 탄소섬유는 경량으로 강인하고, 내구성, 내열성, 전기전도성, 내약품성에도 뛰어나다. 또 열에 의한 수축과 팽창도 거의 없다.

탄소섬유 강화 플라스틱(CFRP)은 탄소섬유와 플라스틱의 복합재료로서 스포츠용품에서 실용화가 시작되어 항공기와 자동차 까지 용도가 넓어지고 있다(그림 39). 탄소섬유는 PAN계와 피치계의 2종류가 있다. PAN계는 폴리아크릴로니트릴 섬유를 소성(燒成)한 것으로 피치계는 석탄, 석유 피치의 섬유를 소성한 것이다. 플라스틱은 주로 에폭시 수지 등의 열경화성 수지가 사용되나, 폴리이미드와 PEEK 등의 열가소성 수지도 사용된다.

CFRP의 제조방법은 그 용도와 목적으로 형상에 따라 다르나 표 8의 프리프레그(prepreg)법에서 만들어진 드라이카본이라 불리는 CFRP는 매우 강인하기에 레이싱카, 항공기, 우주산업기기 등에 사용된다.

| 요점
체크 | • 탄소섬유는 섬유방향에 탄소원자가 규칙적으로 결합되어 있다.
• CFRP의 플라스틱은 에폭시 수지 등의 열경화성 수지이다. |

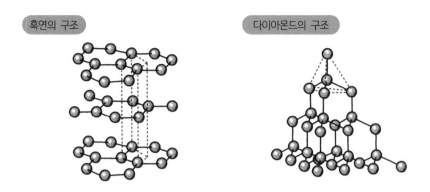

그림 38 흑연과 다이아몬드 구조의 차이

그림 39 탄소섬유 강화 플라스틱의 용도 예

표 8 탄소섬유 강화 플라스틱의 주요 제조방법

프리프레그법	방향을 당겨 갖추어진 탄소섬유에 수지를 함침시켜, 중간소재의 프리프레그를 만들어 프리프레그 몇 장을 쌓아 층을 만든 것(적층)을 오토클레이브(autoclave, 가압솥)에 넣어서 고온·고압 하에서 경화시킨다.
필라멘트 웰딩법	탄소섬유에 수지를 함침시킨 것을 회전하는 원통형의 금형(맨드릴)을 돌려서 원통 상태로 성형한다.
레진 트랜스퍼 성형법	형에 탄소섬유를 세팅하고, 모재의 수지를 함침시켜 경화한다.

19 발포 플라스틱

충격흡수에서 단열까지

발포(發泡) 플라스틱은 플라스틱에 발포제를 분산시켜, 내부에 무수의 작은 기포를 발생시키는 것이다. 그 내부구조는 생물의 세포와 벌집과 같이 되어 있고 기포와 기포는 플라스틱의 박막으로 용해되어 있다(그림 40).

발포 플라스틱에 대하여 기포가 포함되어 있지 않은 본래의 합성수지 성형품을 솔리드라 칭한다. 발포 플라스틱은 솔리드에 비하여 내충격성, 가요성(可撓性)[6] 등이 뛰어나다. 대량의 공기를 포함하고 있기 때문에 경량으로 단열성, 방음성, 전기절연성에도 뛰어나다. 반면, 기계적 강도와 내구성, 내후성, 내열성은 약하다. 발포 플라스틱의 외관밀도와 솔리드의 밀도의 비를 발포배율이라 하고, 일반적으로 발포 플라스틱의 발포배율은 50배에서 100배 정도로 발포배율이 적을수록 솔리드의 성질에 가까워진다.

대표적인 발포 플라스틱에는 발포 폴리스티렌(발포 스티롤), 발포 폴리우레탄(우레탄 폼), 발포 폴리에틸렌, 발포 폴리프로필렌 등이 있다(표 9).

발포 플라스틱을 만드는 법에는 여러 가지가 있으나, 예를 들면 발포 폴리스티렌은 폴리스티렌에 발포제가 되는 부탄과 펜탄 등의 탄화수소가스를 섞어서 경화시킨다. 또 우레탄 폼과 같이 형(틀) 안에 원료를 넣어서 발포시키고 동시에 가교반응을 시켜 형의 변화가 어려운 발포체의 성형품을 만드는 방법도 있다. 이것을 RIM성형(Reaction Injection Molding)이라 한다. 예를 들어 자동차 시트와 스키부츠의 쿠션 등을 들 수 있다. 우레탄의 가교반응은 빠르고, 수분 정도로 끝나버리지만 최근에는 동시에 반응을 빠르게 하는 촉매를 사용·혼합하면 벽과 천장에 뿜어서 부착시켜 흘러 떨어질 틈도 없이 고정, 단열코드를 하는 공법도 사용되고 있다(그림 41).

> **요점 체크**
> • 발포 플라스틱은 내부에 무수한 작은 기포를 발생시키는 것이다.
> • 장점을 살려서 단열재, 방음재, 발포완충제 등에 사용된다.

---

6) 휘거나 변형을 지탱하는 일이 가능한 성질

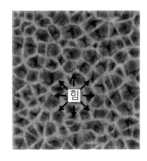

뛰어난 내충격성과 방음성

발포 플라스틱의 내부에는 많은 기포가 포함되어 있다. 발포 플라스틱에 힘을 가하면, 힘이 장벽을 통하여 발포 전체에 균등하게 분산되어 가기 때문에 뛰어난 내충격성을 지닌다. 같은 이유로 진동을 분산시키기에 방음성도 뛰어나다.

뛰어난 단열성

대량의 기포를 포함하고 있기에 열을 전달하기 어렵고(열전도) 불투명하기에 빛이 통과하지 못한다(복사). 기포는 이동하지 않아 열전달이 어렵다(대류).

그림 40 발포 플라스틱의 구조

표 9 대표적인 발포 플라스틱

발포 폴리스티렌	저렴하고, 비교적 딱딱하며 성형이 쉽기 때문에, 식품포장용 트레이, 즉석컵라면 용기, 어패류의 보온용기, 건축용 단열재 등에 광범위하게 사용되고 있다.
발포 폴리우레탄	매우 경량으로 연질인 것부터 경질인 것까지 있고, 매트리스와 좌석시트 쿠션재, 스펀지, 냉장고 등의 단열재, 방음재, 포장용 패킹재료 등에 폭넓게 사용된다. 글라스 울을 능가하는 뛰어난 단열성을 지니고, 방수성이 뛰어나기에 건물단열재 등에 사용된다.
발포 폴리에틸렌	유연하고 휘기 쉽다. 가전제품의 완충재, 보온·보냉재로서 사용된다.
발포 폴리프로필렌	용도는 발포 폴리에틸렌과 같고 내열성과 내유성이 뛰어나다.

반응이 빠르기 때문에, 혼합하여 골 형태를 결정할 필요가 있다. 혼합베드의 끝에 금형을 걸치면 RIM성형이 된다. 최근의 건축에서는 이 반응을 빠르게 하는 촉매를 넣어서 벽과 천장에 뿜어 부착시킨 고속 라이닝 공법도 사용되어 오게 되었다.

그림 41 우레탄 폼 만드는 법

20 불소수지

프라이팬만이 아니다

불소계의 수지는 몇 가지 종류가 있고(표 10) 그 중에서도 폴리테트라플루오로에틸렌(PTFE, 상품명 테플론)이 유명하다. 테플론을 코팅한 프라이팬을 사용하고 있는 사람도 많을 것이다. 여기서는 PTFE를 주체로 불소계 수지의 특징을 소개하기로 한다.

PTFE는 탄소와 불소에서만 만들어지고 있다. 불소는 그 외의 원자와 강하게 결합하는 특성을 지니고 있고, 탄소와 불소와의 결합도 매우 강한 것으로 되어 있다. 따라서 PTFE는 화학적으로 안정되어 있고, 고온에서도 견디는 특징이 있다. 거의 모든 불소계의 수지는 그 외의 플라스틱과 같이 성형할 수 있지만, PTFE는 열을 가하여도 유동하지 않는다. 때문에 먼저 분말을 과열·압축하여 PTFE의 덩어리를 만들고, 이것을 절삭가공하여 성형품을 만들 수 있다. PTFE는 또 세상에서 발견된 물질 중에서도 가장 마찰계수가 적다고 하는 특징이 있다.

즉 열을 가하여도 유동하지 않기에 프라이팬 등의 코팅에 적절한 이유이다. 이와 같이 PTFE는 열적으로 안정되어 있으나, 그래도 사용 가능한 온도에는 한계가 있다. 한계는 260℃ 정도라고 알려져 있고, 그 온도를 넘으면 분해될 가능성이 있기 때문에 고온에서 조리는 하지 않는 것이 좋다.

테플론 이 외의 불소계 수지에는 폴리불화비닐덴(PVDF), 폴리불화비닐(PVF) 등이 있고, 테플론 정도는 아니지만 열적으로 안정되고 마찰계수가 낮다고 하는 특징이 있기 때문에 성형품과 필름·시트에 사용되고 있다(표 11). 단, 어느 것이나 범용 플라스틱에 비하여 고가이기에 실리콘 수지와 동일하게 그 외 저렴한 재료에서는 대용할 수 없는 곳에 한정되어 사용된다.

요점 체크	• PTFE는 열에 강하고, 마찰계수가 적다는 뛰어난 특징이 있다. • 불소계 수지는 고가이기 때문에, 제한된 곳 밖에는 사용할 수 없다.

표 10 불소계 수지의 종류

완전 불소화 수지
폴리테트라플루오로에틸렌(4불소화 수지 : PTFE)

부분 불소화 수지
폴리클로로트리플루오로에틸렌(3불소화 수지 : PCTFE, CTFE)
폴리불화비닐덴(PVDF)
폴리불화비닐(PVF)

불소화 수지 공중합체
퍼플로로알콕시 불소수지(PFA)
4불화 에틸렌 · 6불화 프로필렌 공중합체(FEP)
에틸렌 · 4불화 에틸렌 공중합체(ETFE)
에틸렌 · 클로로트리플루오로에틸렌 공중합체(ECTFE)

표 11 불소수지의 특징과 용도

특 징	용 도
내열성 · 내약품성	화학플랜트(배관 튜브, 라이닝, 패킹) 반도체 제조장치(액체약품 라인 튜브, 탱크) 리튬이온 전지 패킹
내연소성 · 전기특성 (절연성 · 저유전율)	전선피복(정밀전자기기) 광파이버, 케이블 피복 전기 · 전자 제품
저마찰성	자동차용 부품(베어링 등) 윤활제로서 소재에 도포 수지에 첨가제로 사용(마찰특성 개량)
비접착성(이형성)	가정용 조리기기 코팅프린터, 카피기의 습동부분
내자외선성	구조물의 외장재 전화기지국 옥외전선피복 농업용 비닐하우스용 필름 돔 스타디움 온상 건축재

> 불소수지는 고가이지만 내열성, 저마찰성, 비접착성 등 많은 뛰어난 성질을 지니고 있기 때문에 그 외의 재료가 사용할 없는 특수한 용도에 사용된다.

21 합성고무
(고무에도 여러 가지가 있다)

여기에서는 대표적인 합성고무를 몇 가지 소개하고자 한다(표 12).

고무가 되는 것은 분자사슬이 충분히 움직이기 쉬운 구조로 되어 있는 것이 필요하다. 이 전형적인 것 중 하나가 부타디엔 고무(BR)이고, 분자 내에 이중결합을 2개 지니고 있기 때문에 '디엔계 모노머'라고 불리운다.

이것은 부타디엔이라는 모노머를 중합한 것이기 때문에 실은 -80℃ 저온까지 고무로서 활동한다. 이 부타디엔에는 구조가 닮아 형제라 하는 모노머 종류가 있다. 이소프렌과 클로로프렌이라는 2개의 모노머가 그것으로 이러한 단독 중합체를 각각 이소프렌 고무(IR), 클로로프렌 고무(CR)라 한다. 덧붙이면 천연고무(NR)은 폴리이소프렌이기에 화학적으로는 IR과 같다. 때문에 IR을 '합성 천연고무'라 부른다.

전술한 대로 폴리부타디엔은 부드러운 고무이지만 이것에 스티렌과 아크릴로니트릴이라 하는 모노머를 공중합하면 단단한 고무가 된다. 각각 SBR, NBR로 부르고, 특히 SBR은 카본블록을 넣으면 강도(强度)가 나오기 때문에 승용차 타이어에 사용된다. 단, 버스, 트럭, 비행기 타이어는 가혹한 조건에서 사용되기 때문에 보다 성능이 뛰어난 천연고무의 타이어가 사용된다. 한편 NBR은 기름에 강하기 때문에 패킹 등에 사용되고 있다. 클로로프렌 고무는 밸런스를 지닌 고무의 하나로, 특히 접착력이 높기 때문에 일반적 용도 이외에 접착제로서 사용된다(그림 42).

이러한 것 이외에 에틸렌 프로필렌 고무(EPM, EPR)라는 것이 있다. 이것은 이름 그대로 에틸렌과 프로필렌을 공중합 한 것이기에 화학적으로 안정된 고무가 된다. 단, 안정한 것만으로 가교도 어렵기 때문에 그 외의 모노머를 공중합하여 가교할 수 있도록 한 EPDM이라는 고무가 널리 사용되고 있다.

요점 체크	• 디엔계 모노머에서 몇 가지 대표적인 고무가 만들어진다.
	• 디엔계 이 외에서 다량으로 사용되고 있는 것에는 EPM, EPDM이 있다.

표 12   고무의 종류와 특징

고무의 종류	고무의 특징
천연 고무(NR)	범용 고무로 유일한 천연물, 사용량은 SBR보다 많다.
이소프렌 고무(IR)	화학구조는 NR과 동일, 합성 천연고무라 칭한다.
부타디엔 고무(BR)	NR, SBR 다음으로 수요가 많다. 탄성이 뛰어나다.
스티렌 부타디엔 고무(SBR)	가장 많이 제조되고 있는 고무, 승용차용 타이어 등
클로로프렌 고무(CR)	내후성, 내유성 등은 NR보다 뛰어나다.
에틸렌 프로필렌 고무(EPM, EPDM)	내용제, 내후성, 전기절연성 등에 뛰어나다.
니트릴 고무(NBR)	아크릴로니트릴과 부타디엔의 공중합체, 내유성
아크릴 고무(ACM)	고온에서 내유성이 뛰어나다.
부틸 고무(IIR)	이소부틸렌과 이소프렌의 공중합체, 가스 배리어
클로로설폰화폴리에틸렌(CSM)	폴리에틸렌을 화학처리하여 고무로 한 것
에피클로로히드린 고무(CO, ECO)	내후성이 뛰어나다.
우레탄 고무(U)	역학 강도에 뛰어나다.
실리콘 고무(Q)	높은 내열성과 내한성을 지닌 고무
불소 고무(FKM)	최고의 내열성과 내약품성

타이어   고무벨트   고무장화

고무패킹   고무호스   방진고무, 패드

그림 42   고무의 용도 예

용어해설
가스 배리어 → 필름 등의 재료를 산소나 질소 등의 기체를 통과하여 나가는 것을 가스투과라 한다.
가스 배리어는 가스투과가 어려운 성질을 말한다.

22 플라스틱 렌즈
(뛰어난 투과율과 굴절률)

옛날에는 렌즈(lens)라고 하면 유리제품이었으나, 현재에는 카메라용 렌즈와 휴대전화 카메라 렌즈 등 많은 렌즈가 플라스틱 제품이다. 플라스틱은 가볍고, 부서지기 어렵고, 성형이 간단하기 때문에 예부터 렌즈의 재료로 검토되어 왔다. 그러나 초기의 투명 플라스틱은 유리에 필적할 정도로 높은 빛의 투과율과 굴절률이 없고, 흠집이 생기기 쉬운 이유로 렌즈의 재료로서는 적합하지 않았다.

1942년에 미국의 PPG사가 CR-39(Ally Dglicol Carbonate, 아릴 디글리콜 카보네이트, ADC)라 하는 열경화성 플라스틱을 개발하여, 렌즈 재료로서 널리 사용할 수 있게 되었다. 투명 플라스틱은 유기화합물에서 만들어진 글라스라는 의미에서 유기 글라스라 불리는 경우도 있다.

현재 사용되고 있는 플라스틱 렌즈는 글라스 반 정도의 무게로 글라스에 필적하는 투명도를 지니고, 표면경도도 높고, 내마모성도 뛰어나다. 열가소성 플라스틱에서는 아크릴계의 폴리메틸 메타크릴레이트(PMMA)가 널리 사용되고 있다. 또 흠집이 나기 힘들고, 자외선을 차단하여 조광하는 표면 코팅기술도 발전되어 왔다. 최근에는 내열성과 내수성에 뛰어난 폴리카네나이트(PC)와 폴리올레핀계의 플라스틱도 사용되고 있다.

플라스틱 렌즈는 글라스 렌즈와 상이하게, 금형으로 성형하여 대량 생산이 가능하기 때문에 렌즈의 단가가 적게 들게 된다. 금형은 비구면의 것을 만드는 것이 가능하기에 자유롭게 형의 표면을 지닌 렌즈를 만들 수 있다. 예를 들면 초점거리가 짧고 작은 렌즈를 만들거나 경목(境目)이 없는 원근 양쪽 사용의 안경 렌즈를 만들 수 있다.

반면 플라스틱은 온도와 습도의 영향을 받기 쉽기 때문에 결점이 있다. 사용환경에 의하여 온도와 습도 변화에서 굴절률이 변하고 렌즈의 초점거리가 맞지 않는 문제점도 있다.

요점 체크	• 광학 재료로서의 플라스틱을 유기 글라스라고도 한다.
	• 플라스틱 렌즈는 자유롭게 형상을 성형할 수가 있다.

표 13 플라스틱 렌즈의 장점과 단점

장 점	・유리에 비하여 가볍다. ・충격에 강하고 부서지기 힘들다. ・표면을 자유롭게 가공할 수 있다. ・대량 생산이 가능하다.
단 점	・상처나기 쉽다. ・종류가 적다. ・유리에 비하여 굴절률이 낮기 때문에 렌즈가 두껍게 된다. ・유리에 비하여 열팽창하기 쉽기 때문에 굴절률의 온도변화가 크다.

표 14 광학 글라스 BK7, 플라스틱 CR-39, PMMA의 물성치 비교

	BK7(광학 글라스)	CR-39	PMMA
굴절률	1.517	1.498	1.492
밀도 g/cm^3	2.52	1.32	1.19

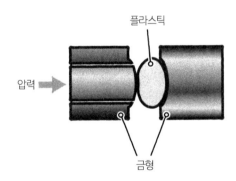

컴퓨터에서 제어된 초정밀 선반장치에서 만들어진 금형에, 렌즈의 재료인 플라스틱을 넣어 프레스 성형한다. 금형의 형을 자유롭게, 동시에 정밀하게 만들 수 있기 때문에 작은 비구면 렌즈를 저렴하게 대량으로 만들 수 있게 되었다.

그림 43 플라스틱 렌즈의 금형성형

용어해설
조광(調光) → 밝기로 색이 변화하는 것

23 콘택트렌즈
(산소를 투과시 눈에 부드럽다)

폴리메틸 메타크릴레이트(PMMA)에서 만들어진 초기의 콘택트렌즈를 하드 콘택트렌즈라 한다. 이 콘택트렌즈에는 산소투과성이 거의 없어 눈에 부담이 크기 때문에 장기간 착용할 수 없었다. 여기서 PMMA의 구조 중에 규소와 불소를 도입하여 산소투과성을 높인 플라스틱이 사용되게 되었다. 현재 일반적으로 하드 콘택트렌즈라 하면 PSiMA와 PFMA 등의 산소투과성 콘택트렌즈이고, PMMA는 사용되지 않는다.

소프트 콘택트렌즈는 PMMA에 친수성의 하이드록시(hydroxy)기를 도입하였다. PHEMA라 하는 플라스틱에서 만들어진다. PHEMA 자체에는 산소투과성이 없지만 대량의 물을 흡착하기 때문에 눈물을 도와 산소를 투과시킬 수 있다.[7]

안경과 같이 콘택트렌즈에도 원근양용 타입이 있고, 그림 44에 나와 있는 교대시형(시축이동형)과 동시시형이 있다. 교대시형은 먼 곳을 보는 원용부와 가까운 것을 보는 근용부가 있고, 시선의 이동으로 원근 사용이 나누어진다. 동시시형은 원용부와 근용부에 들어온 빛이 동시에 망막상에 결상한다. 멀리 볼 때에는 가까운 실체의 상이 희미해지고, 가깝게 볼 때에는 먼 곳의 물체가 희미하게 되나 망막상에서 핀트가 맞는 상을 보도록 뇌가 선택한다.

또, 인간 눈의 각막 표면은 그림 45와 같이 구면이 아니라 중앙부가 급하게 주변부분에 갈 정도로 완만한 비구면으로 되어 있고, 상하좌우가 비대칭이다. 최근의 콘택트렌즈는 사용자의 각막 형상에 맞춘 비구면 타입이 많다. 렌즈와 각막의 형상을 맞춤에 따라 국소적으로 각막의 압박을 억제하거나 이물감을 경감하거나, 눈물을 넣기 쉽게 할 수도 있다. 또 상의 일그러짐도 적게 한다.

콘택트렌즈는 플라스틱의 뛰어난 가공성을 시작으로 하는 특성을 살려 점점 진화하고 있다.

요점 체크	• PMMA에 규소와 불소를 도입하면 산소투과성이 된다.
	• PHEMA에는 산소투과성은 없으나 친수성으로 눈물을 도와 산소를 투과한다.

---

7) PHEMA는 건조하면 굳게 되어 파손이 쉽게 된다. 때문에 소프트 콘택트렌즈는 전용 보존액에 넣어둘 필요가 있다.

표 15 콘택트렌즈에 사용되는 플라스틱

분 류	플라스틱명	비 고
하드 콘택트렌즈	폴리메틸 메타크릴레이트 (PMMA)	초기의 콘택트렌즈 현재는 사용되지 않는다.
산소투과성 하드 콘택트렌즈	폴리펜타메틸 실록사닐 프로필메타크릴레이트(PSiMA)	PMMA에 규소를 도입한 것
	폴리헥사플루오로 이소프로필 메타크릴레이트(PFMA)	PMMA에 불소를 도입한 것
소프트 콘택트렌즈	폴리하이드록시 에틸 메타크릴레이트(PHEMA)	PMMA에 친수성의 하이드록시기(-OH)를 도입한 것

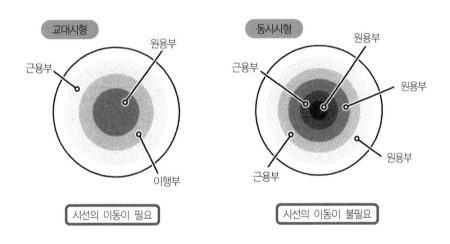

그림 44 원근양용 콘택트렌즈

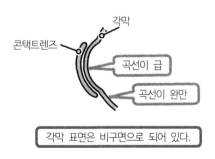

그림 45 각막형상과 콘택트렌즈

24 광파이버

광통신에 사용되는 광파이버에는 광을 감쇄시키지 않고 멀리까지 전송할 수 있도록 매우 투명도가 높은 글라스와 플라스틱이 사용되고 있다.

글라스 제품의 광파이버에는 고순도의 석영(수정)이 사용된다. 보통의 글라스는 사진 1과 같이 몇 센티의 두께로 빛의 강도가 약하게 되어버린다. 두께가 1m가 되면 캄캄해지고, 반대측이 보이지 않게 된다. 그것에 대하여 고순도의 석영은 빛을 약하게 하지 않고 수십 km 끝까지 다다르게 할수 있다. 때문에 석영 광파이버는 장거리용으로 사용된다. 반면에 석영은 매우 고가이다. 또 무겁고, 취급이 어렵고, 단단하여 부서지기 쉽기에 가공이 어렵고, 자유롭게 굽힐 수 없다. 광파이버를 서로 이을 때도 고도의 기술이 필요하다.

광파이버에 사용되는 투명한 플라스틱은 석영 정도로 투명한 것은 아니지만 보통의 글라스보다도 투명도가 높고, 석영보다 훨씬 저렴하다. 또 가벼워서 취급이 용이하고, 부드러워서 깨지기 어렵기 때문에 가공이 쉽고, 자유롭게 휘게 할 수 있다. 동시에 용해하여 광파이버 서로를 간단하게 연결할 수 있다.

광파이버 재료로서 널리 사용되고 있는 플라스틱은 PMMA이다. 투명도가 높다고 하여도 PMMA 제품의 광파이버는 수십 m 밖에 빛이 도달하지 않지만, 장치 중에 옥내, 차내 등에서 사용하기에는 충분한 투명도이다. 때문에 플라스틱 광파이버는 단거리용으로 사용된다. 플라스틱 제품의 광파이버의 전송거리를 늘리는 것에는 PMMA보다도 투명도가 높은 플라스틱을 사용할 필요가 있다. 현재 PMMA를 개량한 플라스틱이 개발되고 있다.[8]

매우 고가로 투명도는 석영에 미치지 못하지만 플라스틱의 특성을 살린다는 이유로 사용되어져 왔다.

> **요점 체크**
> • 플라스틱 제품의 광파이버는 가공하기 쉽고, 자유롭게 굽힐 수 있다.
> • 플라스틱 제품의 광파이버는 단거리용으로 사용된다.

---

8) PMMA 분자 중의 수소를 중수소와 불소 등에 치환한 것

좌측부분의 두께 : 3cm
우측부분의 두께 : 1.5cm

광파이버에 사용되는 석영과 플라스틱
은 빛을 약하게 하는 일 없이 투과시
키나, 보통의 글라스는 불순물이 빛을
흡수하기 때문에 투과율이 나쁘다.

사진 1 글라스판의 투명도

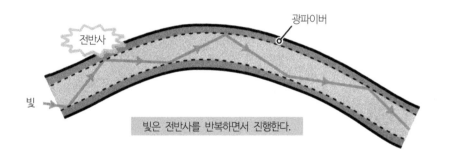

빛은 전반사를 반복하면서 진행한다.

광파이버는 굴절률이 다른 물질의 경계면에서 빛이 전반사 한다는
성질을 이용하고 있다. 광파이버는 굴절률이 다른 2개의 글라스와
플라스틱을 사용하여 2중 구조로 되어 있고 빛은 파이버 안을 반
사를 반복하면서 진행하기 때문에 빛을 약하게 할 수 없고, 멀리까
지 전할 수 있다.

그림 46 광파이버의 구조

25 기록 · 기억 재료
(빛으로 정보를 기록한다)

　기록 · 기억 재료라 하면 카세트테이프와 비디오테이프 또는 플로피 등의 자기기록이 주류였던 시기도 있었으나 현재 가장 우리 주변에 있는 것은 CD와 DVD 등의 광 디스크일 것이다(그림 47). 물론 USB 메모리도 있으나 플라스틱과는 관계가 없기에 여기서는 광 디스크를 주로 설명하기로 한다.

　광 디스크란 빛을 이용하여 디스크에 무언가를 또는 마크를 써넣거나 읽는다든가 하는 것이나, 방식은 몇 가지 있고, 기록하는 부분의 위에는 투명한 플라스틱판이 있고, 이것을 통하여 빛으로 정보를 써넣거나, 읽는 것을 행한다. 현재 이 투명 플라스틱에는 폴리카보네이트(PC)가 사용되고 있다.

　디스크의 면적은 제한되어 있기에, 많은 기록을 하려면 마크를 작게 할 필요가 있다. 작은 마크를 다루기에는 사용하는 빛도 작게 하여 가늘게 할 필요가 있다. 빛은 원리적으로 파장이 짧을수록 작고 가늘기 때문에 기록용량을 크게 하기에는 가시광보다 파장이 짧은 자외선 쪽이 유리하다. 따라서 PC는 자외선을 통과하지 않기 때문에 자외선은 사용할 수 없다.[9]

　또 보다 용량을 늘리기 위하여, 다층에 기록하는 방법도 있다(그림 48). 즉 기록하는 층을 2층으로 하면 2배의 기록용량이 되기 때문에 현재 100층에도 다다르는 다층화 디스크 개발이 진행 중이다.

　동시에 대용량화가 기대되고 있는 것에 홀로그램기록 재료가 있다. 홀로그램에서는 정보를 디스크의 깊이방향에도 기록하기 때문에 압도적으로 정보밀도가 증가하여, 읽어내는 것도 빠르게 된다(그림 49).

　기록용량은 테라바이트급(테라는 기가의 1,000배)이라 알려지고 있다. 홀로그램기억 재료는 무기계도 있지만 빛을 받아서 반응을 일으키는 수지(광 반응성 수지)도 연구 · 개발되고 있다.

요점 체크	• 광 디스크의 기록용량을 증가시키기 위해 다층기록이 연구되고 있다. • 보다 기록밀도를 올리는 기술에 홀로그램기록 재료가 있다.

---

9) 폴리카보네이트는 자외선에서 약해지는 문제도 있다.

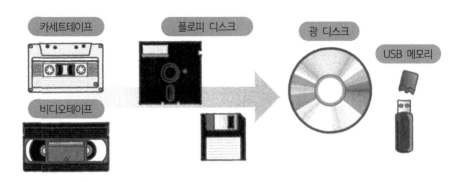

그림 47 기록방법의 변천

그림 48 광 디스크 구조와 다층화

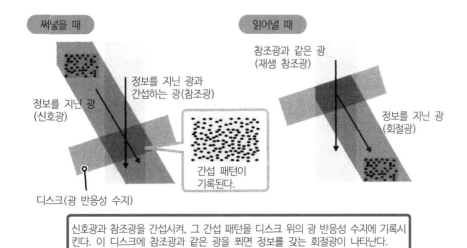

신호광과 참조광을 간섭시켜, 그 간섭 패턴을 디스크 위의 광 반응성 수지에 기록시킨다. 이 디스크에 참조광과 같은 광을 쬐면 정보를 갖는 회절광이 나타난다.

그림 49 홀로그램기록의 원리

26 광 경화성 수지
(빛으로 굳혀서 조형까지)

빛을 쬐이면, 액상의 것이 굳어져 수지가 되는 것이 있다(그림 50). 이것을 광 경화성 수지라고 한다. 그 중에서도 자외선(UV, UltraViolet)에서 굳어지는 것이 가장 많기 때문에 UV 경화성 수지라고도 칭한다.

광 경화성 수지는 굳어지기 전에는 모노머 상태이다. 이것에 광개시제(빛을 쬐이면 중합이 시작되는 것)가 들어간다. 그로 인하여 빛을 쬐이면 중합이 일어나고(경화하여) 수지가 된다. 빛을 쬐는 시간은 통상 수십 초에서 수 분 정도이다. 충분하게 강한 빛이 도달하지 않으면 경화하지 않기 때문에 코팅 등 얇은 것에 적합하다(두께는 통상 0.1mm 이하, 그림 51 위).

광 경화성 수지는 본래 목공 제품에 사용하는 필요에서 발전하였기 때문에 옥외에서 태양광을 이용하여 굳게 하고 있으나, 굳히는데 시간이 걸리고 냄새가 나는 문제가 있다. 현재는 이러한 점을 해결하고, 응용도 널리 행하여지고 있다.

용도로서는 음료수 캔 등의 코팅, 렌즈와 투명판의 반사방지막, 표면에 미세구조를 지닌 부재(그림 51의 아래)와 광 디스크 접착, 나사의 고정 등에 널리 사용되고 있다. 또 치과 재료로서 충치로 난 구멍을 메우는 재료로서 하이드록시아바타이트(Hydroxyapatite, 약칭 HA)라 하는 치아의 주성분을 혼합한 것이 사용되고 있다.

인쇄에서는 옛날에는 활자를 금속으로 만들었으나 현재는 광 경화성 수지로 활판을 만들고 있기 때문에 인쇄가 빠르게 되었고, 동시에 변화한 점은 광 조형이라는 것이 있다(그림 52). 이것은 레이저 광으로 특정 부분만을 경화시켜 이것을 겹겹이 쌓아 입체적으로 하는 것이다.

그 외 전자선(EB, Electron Beam)으로 굳히는 타입도 있다. 재료로서는 거의 같기 때문에 UV·EB 경화성 수지라고도 한다.

| 요점 체크 | • 광 경화성 수지는 모노머와 광개시제의 혼합물로서 빛으로 중합하여 굳혀진다.
• 빛을 충분하게 쬐이면 코팅과 같이 얇은 것에 적합하다. |

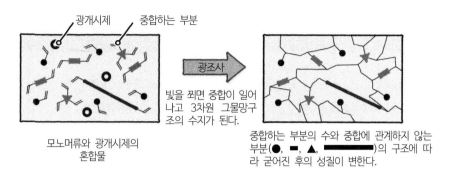

그림 50 광 경화의 이미지

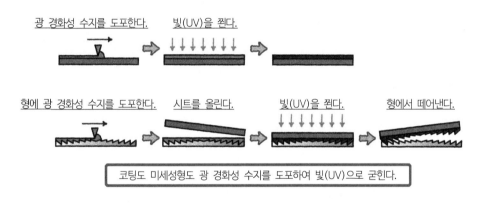

그림 51 광 경화성 수지의 용도 예 : 코팅과 미세성형

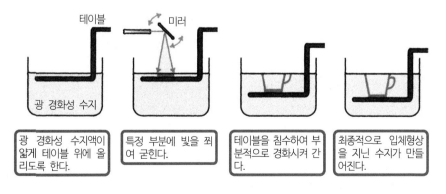

그림 52 광 조형법

27 포토 레지스트
(미세한 반도체 직접회로를 만든다)

반도체소자와 같은 매우 작은 회로를 만드는 경우에 사용되는 것이 포토 레지스트(또는 레지스트)라는 재료로, 이것도 고분자의 부류이다.

포토 레지스트 자체는 최종 제품에는 남아 있지 않지만, 그것이 사용되어지는 것은 매우 많이 있다. 여기에서는 포토 레지스트에 대하여 설명하기로 한다.

포토 레지스트는 빛을 쬐이는 것에 의하여 무언가 반응을 일으키고, 어느 용제에 녹지 않게 되거나 역으로 녹게 되는 물질이다. 빛을 쬐여도 용해되지 않는 타입을 네거형 레지스트, 용해되는 타입을 포지형 레지스트라 한다(그림 53). 이러한 것들은 빛에 반응하는 폴리머이기 때문에 포토 폴리머라고도 칭한다.

포토 레지스트의 기본적인 사용법을 설명하자.

포토 레지스트를 평평한 기판에 얇게 도포하여, 어느 패턴의 마스크를 덮어 빛을 쬐인다. 그러면 빛을 쬐인 부분만 반응하기 때문에 어느 용제로 닦아 털어내면(현상한다) 마스크의 패턴이 그대로 나타난다. 다음에 기판의 노출된 부분을 부식성의 가스와 액체약품으로 벗기고(에칭) 세정하여 남은 포토 레지스트를 제거하면(리프트 오프), 회로가 만들어진다(그림 54). 이 기술을 포토 리소그래피라 한다.

미세한 패턴을 하기 위해서는 마스크를 통한 빛을 렌즈로 축소하는 방법이 있으나(그림 55) 사용하는 빛의 파장이 짧을수록 세밀하게 된다. 현재는 자외선을 사용한 것이 주류이나 X선과 전자선으로 직접 묘화(描畵)하는 타입도 있다.

포토 레지스트 재료는 최종 제품에는 남아 있지 않으나, 포토 리소그래피는 반도체소자, 프린트 기판, 인쇄판, 액정 디스플레이 패널 등에서 없어서는 안 될 재료이다.

| 요점
체크 | • 레지스트에는 네거와 포지의 2종류가 있고, 빛에 노출된(노광) 후의 패턴은 역으로 된다.
• 레지스트는 최종 제품에는 남아 있지 않지만, 제조시에는 대활약하는 재료이다. |

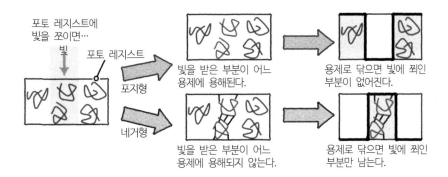

그림 53 포지형 레지스트와 네거형 레지스트

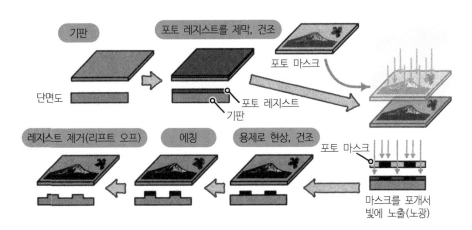

그림 54 포토 리소그래피의 공정

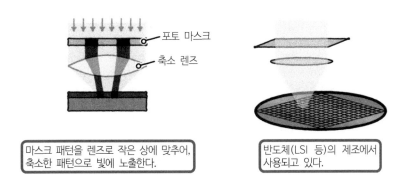

그림 55 미세한 패턴을 만드는 방법

28 형상기억 수지
(본래의 형을 기억한다)

　최근, 형태안정과 형상기억도 표시되는 형상기억 섬유가 사용된 와이셔츠를 볼 수 있을 것이다. 형상기억 섬유는 주름이나 축소가 생겨도 물세탁하여 건조 등의 조작을 시행하면 형상이 본래로 돌아오는 특수한 처리를 한 섬유이다. 섬유가 주름진다거나 짧아진다 하는 것은 섬유의 폴리머끼리의 결합이 약한 비결정성의 부분이 외력에 의해 변형하여 본래 상태로 돌아갈 수 없기 때문이다. 이것을 피하기 위해서는 폴리머끼리 강하게 결합시킬 필요가 있다. 여기서 가교(架橋)를 사용하여 폴리머 서로를 속박시킨다. 실제에는 섬유의 폴리머인 셀룰로오스와 폴리에스테르를 포름알데히드로 처리하여 폴리머 서로를 가교(묶어)하여 놓는다. 이와 같이 서로 가교된 섬유를 사용한 와이셔츠는 주름과 축소가 생겨도 세탁하여 건조시키는 것만으로 본래로 돌아온다. 형상기억 섬유와 같은 형태로 만들어진 것이 형상기억 수지[10]이다. 일반적으로 형상기억 수지는 성형 후에 힘을 가하여 변형시켜도 글라스 전이온도 이상에서 가열하면 본래의 형상으로 돌아온다. 형상기억 수지도 형상기억 섬유와 같이 폴리머 서로를 가교하는 것으로 만들어진다. 형상기억 수지는 형상기억 합금에 비하여 경량이고, 변형률을 크게 할 수 있고, 가공이 쉽고, 착색 가능하고, 가격이 저렴한 특징이 있다.

　실용화된 형상기억 수지에는 트랜스 이소프렌, 폴리노블렌, 스티렌 · 부타디엔 공중합체, 폴리우레탄 등이 있다.

　형상기억 수지의 실용 예로서는 열을 가하면 나사산이 빠져서 분해가 쉬운 형상기억 나사, 약력이 약한 어린이 · 노인 · 장애자 등의 손에 맞는 형상기억 스푼 등의 식기, 귀 뒤쪽에 잘 맞추어진 형상기억 안경프레임 등이 있다. 형상기억 수지 중에는 열 뿐만 아니라 화학물질, 빛, 전기 등의 자극에서도 형상을 기억하는 것이 있다.

> **요점**
> **체크**
> • 형상기억 수지는 폴리머 서로를 가교시킨다.
> • 형상기억 수지는 어느 온도 이상에서 가열하면 본래의 형상으로 돌아간다.

---

10) 형상기억 폴리머, 형상기억 고분자라고도 한다.

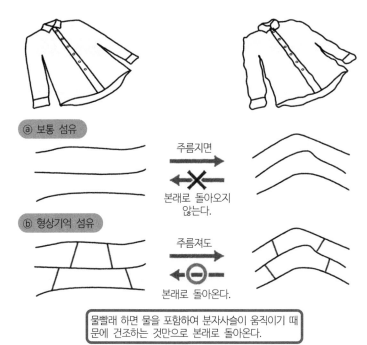

ⓐ 보통 섬유

ⓑ 형상기억 섬유

주름지면

본래로 돌아오지 않는다.

주름져도

본래로 돌아온다.

물빨래 하면 물을 포함하여 분자사슬이 움직이기 때문에 건조하는 것만으로 본래로 돌아온다.

그림 56 보통 섬유와 형상기억 섬유의 차이

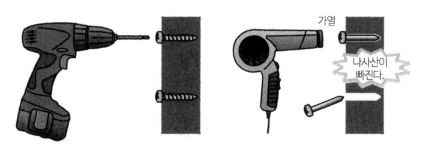

가열

나사산이 빠진다.

TV와 냉장고 등의 가전제품과 컴퓨터, 휴대전화 등의 정보기기 등에 사용하면 리사이클 할 때 해체작업이 훨씬 쉽게 된다. 나사 그 자체도 플라스틱 재료로서 재이용이 가능하다.

그림 57 형상기억 나사의 구조

29 편광필름
(액정 디스플레이의 주역)

편광필름은 액정표시에서 빠트릴 수 없는 재료로, 편광필름이 개발된 직후 바로 액정 디스플레이가 만들어졌다 해도 과언이 아니다. 여기에서는 편광필름에 대하여 설명하기로 한다.

빛은 파(물결)의 성질을 지니고, 진행방향에 대하여 수직방향으로 진동하고 있다(그림 58). 즉 종(세로)방향, 횡(가로)방향, 기울어진 방향 등 여러 방향으로 진동하고 있는 이유이다.

경사면방향의 파는 종방향의 파와 횡방향의 파를 합친 것이라 생각되기 때문에 빛의 파는 종방향의 파와 횡방향의 파로 정리할 수 있다. 여기서, 예를 들면 종방향 파의 성분을 모두 흡수 또는 반사하는 막에 빛을 통과하면, 그 횡방향에 진동하는 빛만을 빼낼 수 있다. 빼낸 빛을 편광(偏光)이라 하고 이러한 기능을 하는 막을 편광필름이라 한다.

현재 액정 디스플레이 등에 사용되고 있는 것은 특정 방향의 빛을 흡수하는 필름으로 요소를 사용한 것이 대표적이다. 요소원자를 어떤 방향으로 직선상태로 배열하면, 그 방향에 진동하는 파를 흡수한다(그림 59). 이 요소를 효율적으로 배열할 수 있는 폴리머가 폴리비닐알코올(PVA)라 하는 재료이다. PVA는 요소와 친화성이 높고, PVA 필름에 요소를 함유하여 늘리면 PVA의 분자사슬이 배향할 때 요소도 배열되어 있다(그림 60). 늘어난 PVA 필름은 연신(늘림)과 수직방향에는 약하고, 찢어져버리고, 또 시간이 지나면 축소되어 원래로 돌아가버리기 때문에, 양면을 별도의 안정된 필름으로 고정하고 있다. 이러한 고정에는 트리아세틸셀룰로오스(TAC, Tri-Acetyl Cellulose)라는 폴리머의 필름이 사용된다. 또한 요소를 사용한 편광필름은 성능이 높으나 열에 약하기 때문에 자동차 네비 등의 용도에서는 염료를 사용한 것이 사용된다.

요점 체크	• 요소를 배열하면 배열한 방향의 빛만을 흡수하게 된다. • 편광필름은 PVA에 요소와 염료를 포함시켜 잡아 늘린(연신) 것이다.

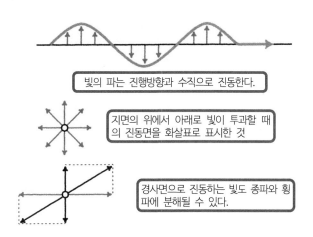

그림 58 빛의 진동

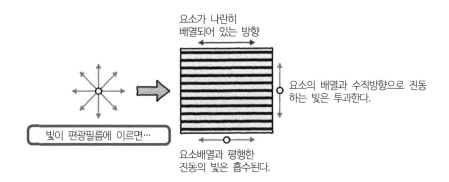

그림 59 편광되는 이유

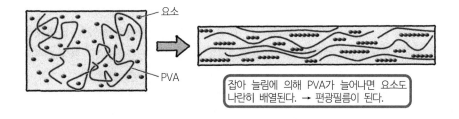

그림 60 PVA의 연신(늘림)과 요소의 배향(配向) : 편광필름

30 생분해성 플라스틱
(미생물로 분해한다)

일반적으로 플라스틱은 안정된 물질이고, 환경 중에 폐기되면 분해되지 않고 잔류한다. 현재 환경 중에 미생물에 의하여 분해되는 생분해성(生分解性) 플라스틱의 개발이 진행되고 있다. 생분해성 플라스틱은 콤포스트화(compost化, 퇴비화)가 발생, 최종적으로는 이산화탄소와 물에 분해된다. 생분해성 플라스틱은 플라스틱의 뛰어난 특징을 가지면서 생분해성을 지니고, 재자원화가 가능한 새로운 재료이다.

표 16에 표시한 대로, 생분해성 플라스틱은 미생물에 따라 만들 수 있는 미생물생산계, 천연물질로 존재하는 천연고분자계, 인공적으로 만들어진 화학합성계로 분류된다. 또한 이 3가지 분류에 속하지 않지만, 생물자원을 이용하여 만들어진 플라스틱은 바이오매스 플라스틱이라고도 불리운다.

바이오매스 플라스틱의 원료는 재생 가능하고, 재생 불가능한 석유를 원료에 사용하지 않는다. 또한 지구상의 이산화탄소의 증감에 영향을 주지 않는다. 때문에 생분해성 플라스틱은 자원고갈과 지구온난화를 저감할 수 있다고 기대되고 있다. 단 화학합성계의 것에서는 원료가 되는 유산과 글리콜산은 발효하여 만들어지나 그것들로부터 폴리유산과 폴리글리콜산을 만드는 것은 연료와 약품으로서 화석연료가 필요하다. 때문에 폴리유산과 폴리글리콜산을 사용하면 원료로서의 석유사용량이 줄어드나, 생산공정 전체에서는 석유의 사용량과 이산화탄소의 배출량이 반드시 감소한다고는 할 수 없다. 따라서 반드시 바이오매스(biomass) 플라스틱이 '환경에 이롭다'고는 말할 수 없다.[11]

생분해성 플라스틱은 포장재료, 의료·위생용품, 정보 관련기기, 각종 일용품 및 공업용품 등에 사용되고 있다. 또 어업용의 낚싯줄과 그물, 농작업용 시트 등 환경에 방치되기 쉬운 것을 중심으로 실용화가 진행되고 있다.

요점 체크	• 생분해성 플라스틱은 토양이나 수중의 미생물에 의해 분해된다. • 생물유래의 플라스틱은 바이오매스 플라스틱이라 한다.

---

11) 바이오매스만으로 플라스틱을 생산하는 것에는 기술의 진보가 필요하다.

표 16 생분해성 플라스틱의 분류와 대표적 물질

분 류	물 질	비 고
미생물 생산계	폴리하이드록시 부틸레이트(PHB)	그대로 플라스틱으로서 이용되나 제조단가가 높기 때문에 그다지 실용화 되지 않는다.
	폴리글루타민산 (PGA)	낫또균(納豆菌)이 생산하는 낫또의 점착성질의 물질, 에스테르화 하는 생분 해성 플라스틱으로 이용한다.
천연 고분자계	초산 셀룰로오스	식물 섬유의 셀룰로오스와 무수초산에서 만들어진다.
	키토산	게 등의 갑각류에서 얻어지는 키틴에서 만들어진다.
	전분 등	플라스틱에 혼합되는 것으로 플라스틱을 생분해성으로 만든다. 미생물이 전 분을 분해하여 플라스틱이 붕괴된다.[12]
화학 합성계	폴리유산(PLA)	옥수수 등에서 얻어지는 전분을 발효하여 만들어진 유산을 축합중합 한 것
	폴리글리콜산	사탕수수 등에서 얻어지는 글리콜산을 축합중합 또는 개환중합 한 것

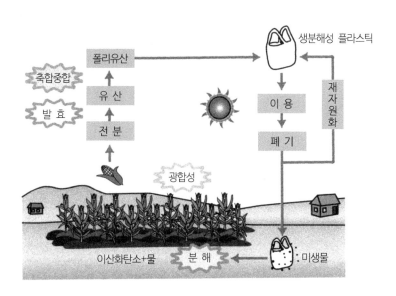

그림 61 환경에서 일어나는 생분해성 플라스틱의 순환

---

12) 플라스틱은 섬세하여 눈에 띄지 않지만 환경 안에서는 분해되지 않고 잔류한다. 플라스틱 폐기물은 확산된다고 하는 측
면이 있다.

31 의용 고분자
(의료현장에서 대활약)

재료의 관점에서 의용 고분자를 분류하면, 혈액백·주사기·인공장기 등의 성형품, 외과수술용 재료, 고분자 의약의 3개의 영역으로 구분되어진다.

성형품은 거의 PVC와 PP 등의 범용수지이나, 많은 경우 살균처리가 필요하다. 살균처리는 재료에도 엄격하기 때문에, 품질이 나빠지지 않는 대책을 한 재료이어야 한다. 또 체내에 장기간 삽입시키는 것에는 혈액이 굳지 않는(항혈전성) 성질이 중요하다. 이러한 것에는 생체에 융합하는 젤라틴 등이 사용되고 있으나, 그래도 혈전이 생기기 어렵게 하는 약제의 도움이 필요하다.

다음은 외과수술 용도에 대하여 설명하자. 이 분야에서는 성형용과는 달리 생분해성 플라스틱이 중요한 위치를 점한다. 예를 들면 수술용의 실(縫合絲, 봉합사)에는 생분해성의 것이 이미 사용되고 있으며, 분해되어 없어지기 때문에 실을 뽑을 필요가 없다. 그리고 골절시의 볼트와 너트 등도 생분해성으로 하기 때문에 빼내는 수술이 불필요하다(그림 62). 동시에 뼈의 일부가 결손된 경우, 뼈의 주성분인 하이드록시아바타이트라 하는 무기재료와 복합한 것을 결손부에 메우면 빠른 치료가 시작될 수 있다. 생분해성 플라스틱은 기관과 장기 자체를 복원하는 재생의료라 칭하는 분야에서도 조직을 재생하는 발판으로서의 응용이 기대되고 있다.

마지막으로 고분자 의료를 조금 다루자면, 예를 들어 감기약의 캡슐은 위 안에서 용해되어 약이 나온다. 이 캡슐은 위까지 약을 운반하는 역할을 하고 있으나, 항암제 등 부작용이 있는 약제는 환부만 약이 도달하는 것이 이상적이다. 이것은 DDS(Drug Delivery System)[13]라는 방법으로 폴리머에 운반집을 시키는 연구가 진행되고 있다. 이 경우 약을 방출한 후 폴리머는 불필요하기 때문에 생분해성 폴리머가 사용된다.

요점 체크	• 모든 의료용도는 살균처리가 필요하다. • 재생의료와 DDS에서는 생분해성 플라스틱이 기대된다.

13) 치료대상의 환부에 필요한 약물을 필요한 양과 시간이 효과적으로 동시에 집중적으로 보내 넣는 기술. 약물송달시스템, 약물운송시스템이라고도 한다.

표 17 의료기구류에 사용되는 플라스틱과 대표적 용도

수 지	대표적 용도
PVC(연질)	혈액백, 혈액 회로용 튜브, 수액백, 디스포(disposable, 일회용) 장갑
PVC(경질)	병실용 기구, 수액용 성형품, 의료용 포장, 의료용 폐기상자
PP	주사통, 트레이, 용기, 마스크, 신발커버
폴리스티렌	수술용 트레이, 의료용 포장, 시험관
PE	튜브, 성형용기, 불로우 용기(blow bottle)
ABS(범용)	점적세트, 혈액필터, 수액용 카세트
ABS(난연)	기기류, 의료용 컴퓨터, 모니터링용 기기

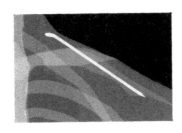

골절치료에 금속을 사용하면 치료 후에 빼내는 수술이 필요하나, 생분해성 폴리머를 사용하면 최종적으로 없어지기 때문에 빼내는 수술이 불필요하다.

그림 62 골절치료의 예

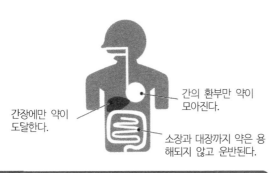

간장에만 약이 도달한다.

간의 환부만 약이 모아진다.

소장과 대장까지 약은 용해되지 않고 운반된다.

① 환부만 약을 집중시킨다. → 투여량 감소, 부작용 감소 등
② 조금씩 약을 방출하여 장시간 약의 효과가 있도록 한다.

폴리머를 사용한 사례

폴리머의 얇은 껍질로 약을 이행. 매우 작기 때문에 마이크로캡슐이라 부른다.

고분자의 껍질
(생분해성)

약

껍질 부분의 폴리머 성질과 입자의 크기를 조정하는 것으로, 몸의 특정 부분에 약을 운반하여 조금씩 약을 방출한다.

그림 63 DDS의 예

32 친수성 폴리머
(물과 관계 좋은 폴리머)

물과 친숙한 친수성의 폴리머의 몇 가지는 매우 독특한 사용법이 가능하다. 여기서는 그러한 것들을 소개하기로 한다.

물의 분자는 전기적으로 중성이지만 마이너스(−)에 대전하고 있는 부분과 플러스(+)에 대전하고 있는 부분을 지니고 있다. 전기적인 편향이 큰 것을 '극성이 높다'고 한다. 물은 극성이 높은 것, 예를 들면 산, 알칼리, 염과 같이 양이온과 음이온에 나누어진 것도 잘 용해된다. 전분과 폴리비닐알코올이라 하는 폴리머는 물과 닮은 구조를 많이 지니고 있기 때문에 물에 용해하고, 산의 구조를 지닌 폴리머도 물과 친숙한 폴리머가 된다.

예를 들면 음이온이 되는 부분을 많이 지닌 폴리머에 금속이온을 함유한 물을 투과시키면 금속이온이 포착되기 때문에 나온 물에서는 금속이온이 제거된다. 이 동작을 이용하면 물을 정화시킬 수 있기 때문에 정수기에 사용된다. 이와 같은 수지를 이온교환 수지라 하고, 대개는 물에 용해되지 않도록 가교하여 입자상태로 한 것이 팔리고 있다(그림 64). 또 이온교환 수지와 같은 재료를 필름으로 한 것이 이온교환막이다. 이것은 이온은 통과하나 전기는 흐르지 않기 때문에 전지의 절연막 등에 사용된다.

이온교환 수지보다도 가교를 천천히 하여 물에 부풀도록 하면 물을 많이 흡수하기 때문에 고흡수성 고분자가 된다(그림 65). 동시에, 이와 같은 폴리머에 아연이온(Zn^{2+}) 등의 금속이온을 혼합하면 이온적으로 가교가 일어난다. 이 가교는 열로서 풀어지기 때문에 성형가능하다는 특징이 있다. 즉, 사용할 때는 가교된 수지로서 움직이고 있으나, 성형도 가능한 매우 재미있는 재료이다.

이와 같은 재료를 아이오노머(ionomer)라 하고 고급스런 골프공의 표면 등에 사용된다.

요점 체크	• 이온이 되는 부분을 많이 포함한 수지는 이온교환 수지라 한다.
	• 고흡수성 고분자와 아이오노머 이온교환 수지의 동류이다.

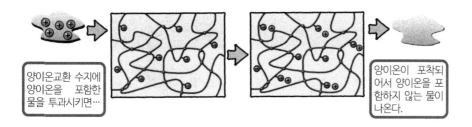

그림 64 이온교환 수지

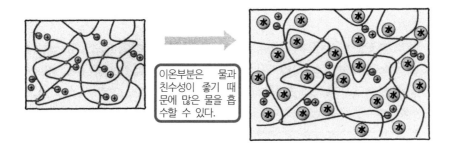

그림 65 고흡수성 고분자

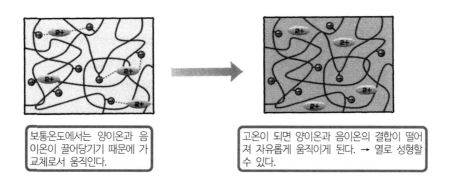

그림 66 아이오노머(ionomer)

33 고흡수성 고분자
(대량의 물을 보존한다)

종이기저귀를 분해하면 하얀 가루 같은 것이 나온다. 이 가루를 비커(beaker)에 넣어서 물을 넣어 보자. 하얀 가루가 물을 흡수하여 굳어진다. 비커를 약간의 힘으로 흔들거나 눌러도 굳어져서 물이 흐르지 않는다. 이 하얀 가루는 고흡수성 고분자이다. 고흡수성 고분자는 자기 질량의 수백 배에서 천 배 이상의 많은 양의 물을 흡수하여 내부에 보존할 수 있다. 이러한 상태를 팽윤[14]이라 한다.

고흡수성 고분자의 분자는 그림 68과 같이 입체적인 그물망상태의 구조를 하고 있고, 물이 존재하지 않을 때는 결속하여 작게 되어 있다. 이 그물망에 물을 가하면, 그물망 안에 물이 들어간다. 그림 69는 고흡수성 고분자의 폴리아크릴산 나트륨의 흡수 구조를 나타낸 것이다. 그물망 구조에 물을 넣으면 그물망에서 양이온의 Na^+가 나온다. 그물망에서는 음이온의 COO^-가 남아 있고, 음이온끼리는 전기적으로 반발하기 때문에 그물망 구조가 넓어진다. 따라서 그물망 구조에 동시에 많은 물을 넣을 수 있게 된다. 이때 고흡수성 고분자는 젤 상태가 되고, 물이 흐르지 않는다. 이와 같이 고흡수성 고분자는 대량의 물을 흡수할 수 있다. 동시에 범용 고흡수성 고분자는 양이온을 포함한 수용액의 흡수·보존은 좋지 않다. 물을 보존하고 있는 폴리아크릴산 나트륨에 식염을 넣으면 Na^+가 그물망 구조에 들어가고, 그 대신에 보존되고 있던 물이 밀려나와 흐른다.[15]

고흡수성 고분자는 종이기저귀와 생리용품 외에 펫(pet)의 화장실, 휴대용 화장실, 소취제(消臭劑), 소프트 콘택트렌즈 등에 사용되고 있다. 또 농업과 원예에서 사용하는 토양의 보수제(保水劑)와 토목공사용 지수제(止水劑)로서도 이용되고 있다.

> **요점체크**
> • 고흡수성 고분자는 자기중량(자중)의 수백 배에서 수천 배의 물을 흡수하는 것이 가능하다.
> • 폴리아크릴산 나트륨은 양이온을 포함한 수용액의 흡수·보존에는 약하다.

---

14) 용매 속에 담근 고분자 화합물이 용매를 흡수하여 차차 체적이 불어나는 현상
15) 수십 %의 식염수라도 흡수 가능한 특수한 고흡수성 고분자도 개발되고 있다.

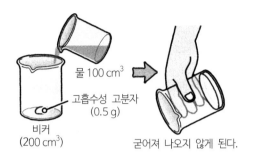

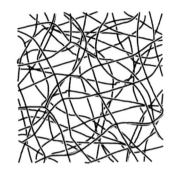

그림 67 하얀 가루에 물을 넣어보면

그림 68 고흡수성 고분자의 구조

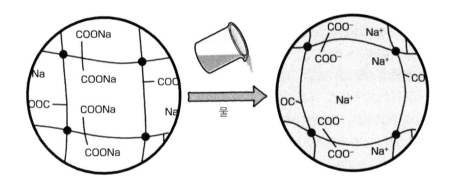

그림 69 폴리아크릴산 나트륨에 물을 첨가하면

사막의 지하에 고흡수성 고분자를 묻고, 그 위에 식수한다. 급수하면 고흡수성 고분자가 물을 흠뻑 보수(保水)함으로써 사막화에 따른 밀림자원의 감소를 해결하는 하나의 수단으로 기대되고 있다.

그림 70 고흡수성 고분자에 의한 사막의 녹화(綠化)

34 고분자 전해질막
(연료전지의 심장부)

연료전지는 가정용, 자동차용, 노트북 PC와 휴대전화 등의 모바일용으로의 적용이 확대되고(그림 71) 가정용은 이미 판매가 시작되었다.

연료전지에는 몇 가지의 종류가 있고(표 18), 그 중에서 고분자 전해질막을 사용한 것을 PEFC(Polymer Electrolyte Fuel Cell)라 부르고 폴리머의 필름이 전해질막에 사용되고 있다. PEFC(그림 72)는 전해질 필름을 끼워서 양측에 어노드(Anode, 음극)와 캐소드(Cathode, 양극)이 연결된 구조로 되어 있고, 각각의 극에서는 백금촉매가 넣어져 있다. 수소를 연료로 하는 경우는 어노드에는 수소, 캐소드에는 산소를 도입하여, 물의 전기분해의 역반응을 일으켜서 전기를 추출한다. 단, 어노드에서 발생하는 수소이온이 전해질막을 통하여 캐소드 측에 이동하지 않고, 반응하지 않는다. 때문에 전해질막은 수소이온을 잘 통하는 일이 중요한 성질이다.

또 PEFC의 안에서는 수소 대신에 메탄올을 사용하여 직접 전기를 뽑아내는 타입도 있고, 이것을 DMFC(Direct Methanol Fuel Cell)라 구별한다. DMFC는 모바일 용도 등을 메인으로 생각할 수 있는 타입이다.

본래 PEFC라 하면 양자를 포함하나, 좁은 의미로는 수소연료의 경우만을 지칭하는 것도 있다. 전해질막에는 이온이 되는 부위를 많이 도입한 수지가 사용되고, 그 이온이 되는 부분을 경유해서 수소이온이 운반된다. 전지의 내부에서는 매우 엄격한 환경에 놓여 있기 때문에 화학적으로 안정된 불소의 재료가 사용되고 있고 그것도 분해할 때 고가이기 때문에 탄화수소계의 재료, 예를 들면 엔플라에 이온이 되는 부분을 도입한 것 등이 연구·개발되고 있다.

또 성능, 가격, 인프라 등에 문제는 없으나, 연료에서 직접 전기를 추출시키기 때문에 효율이 좋아서 차세대 에너지의 일원으로 기대된다.

요점 체크	• 연료전지에는 폴리머 필름을 전해질막에 사용한 것이 있다.
	• 이온이 되는 부위를 도입한 수지가 전해질막에 사용되고 있다.

그림 71 연료전지의 용도

표 18 연료전지의 종류

방 식	전계질막	촉매	연 료	운전온도	용 도
고체고분자형 연료전지(PEFC)	전계질 폴리머필름	백금	수소, 메탄올(DMFC)	80~100℃	자동차, 가정용, 모바일
고체산화물형 연료전지(SOFC)	이온투과성 세라믹막	없음	수소, 일산화탄소	800~1,000℃	가정용, 소규모 발전소
인산형 연료전지(PAFC)	인산용액을 포함시킨 막	백금	수소	150~200℃	발전소, 공장 등의 발전
용융탄산염형 연료전지(MCFC)	탄산염을 포함시킨 막	없음	수소, 일산화탄소	600~700℃	발전소, 공장 등의 발전

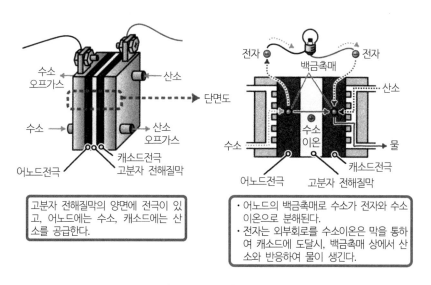

고분자 전해질막의 양면에 전극이 있고, 어노드에는 수소, 캐소드에는 산소를 공급한다.

• 어노드의 백금촉매로 수소가 전자와 수소이온으로 분해된다.
• 전자는 외부회로를 수소이온은 막을 통하여 캐소드에 도달시, 백금촉매 상에서 산소와 반응하여 물이 생긴다.

그림 72 PEFC의 구조도

35 분리막
(해수를 물로 바꾼다)

액체와 기체에 혼재되어 있는 고체를 추출하는 것을 '여과'라 한다. 보통 여과는 사물의 크기로 분리하나, 그 외에도 포함하여 구분할 수 있는 막을 분리막이라 한다.

분리막의 재질은 고분자 또는 세라믹이다. 여기서는 고분자를 사용한 분리막에 초점을 맞추어 설명하기로 한다.

고분자 분리막의 공통적인 특징으로는 경량이고 저렴하다는 점을 들 수 있고, 한편으로 사용하는 온도범위가 좁고, 약품에 약하다는 결점이 있다.

재료로서는 초산 셀룰로오스, 폴리이미드, 폴리설폰 등이 있고, 목적에 맞추어 여러 가지의 것이 사용되고 있다. 또 막의 형상은 평평한 막 뿐이 아니라, 스트로우(straw, 빨대) 형태의 것도 있고, 두꺼운 것은 관상막(管狀膜), 매우 얇은 것은 중공사(中空絲, hollow fiber)라 하고, 어느 것이든 묶여서 모듈화 하여 사용된다(그림 73). 인공신장(인공투석)에서는 중공사의 모듈로서 혈액 안의 노폐물을 빼낸다.

분리막은 막의 크기에 따라 구멍이 무수히 뚫려 있고 구멍보다 작은 것만이 막을 통과하고 있다. 구멍의 크기에 따라 '정밀 여과막', '한외(限外) 여과막', '나노 여과막'으로 분류된다(그림 74). 동시에 치밀한 막의 분자와 분자의 간격을 구멍으로 보고 판단하여 "물 이외는 통과하지 않는다"는 막을 역침투막이라 한다(그림 75). 예를 들면 이 막으로 수조를 칸으로 막고 한쪽으로 해수, 다른 한쪽에는 물을 넣으면 이온이 많이 있는 해수 쪽으로 물이 이동하기 때문에 해수 쪽의 액체면이 높게 된다. 이 압력을 침투압이라 하고, 침투압보다 큰 압력을 해수 쪽에 가하면 물은 해수 쪽에서 물 쪽으로 이동한다. 이것을 역침투라 하고 이 역침투를 이용하여 해수의 담수화(淡水化)가 행하여진다.

분자 내의 이온이 되는 부분을 많이 지닌 이온교환 수지를 막 상태로 한 것을 이온교환막이라 한다. 이것은 이온을 효율적으로 통과하기 때문에 전지의 격막(隔膜)에 사용된다. 물에서 이온을 빼내 제거할 수 있기에 가정용 정수기에 사용되고 있다.

요점
체크
• 분리막이란 액체와 기체를 사이즈 등으로 나눌 수 있는 막을 표시한다.
• 분리막은 해수의 담수화, 투석막, 전지의 격막 등에 사용되고 있다.

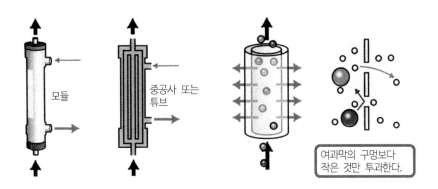

그림 73 튜브형 중공사(中空絲, hollow fiber) 모듈의 구조와 작용

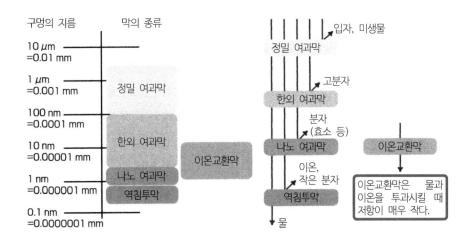

그림 74 막의 종류와 분리 가능한 것

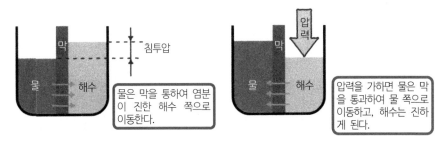

그림 75 역침투막

36 도전성 플라스틱
(전기를 통하는 폴리머)

우리들 주변에 있는 플라스틱과 고무 등은 거의 전기가 통하지 않는다. 그러나 전기를 통하는 플라스틱 필름이 완성되어서 터치패널이 상품화 되었다. 전기를 통하는 필름은 어떻게 하여 만들어졌을까?

방법으로서는 전기를 통하는 것을 혼합시켜 전기를 통하는 층을 표면에 덮어서 플라스틱 자체가 전기가 통하도록 한 것이다. 여기에는 3가지 방법이 있고 이것을 각각에 대하여 차례로 설명한다.

〈전기를 통하는 것을 혼합시킨다.〉 (그림 76 위쪽)

이것에는 금속과 카본 등을 혼합한 것이 있으나 그다지 저항은 낮지 않기 때문에 가능한 한 정전기를 피할 수 있는 수준이다. 이것은 전자부품의 포장재료 등에 사용된다.

〈전기를 통하는 층을 표면에 붙인다.〉 (그림 76 아래)

가장 잘 사용되고 있는 것이 ITO(산화인듐주석, Indium Tin Oxide)라 하는 무기재료이다. ITO는 투명하기에 PET필름 등의 표면에 얇게 붙인 것이 터치패널에 사용되고 있다. 그러나 강한 충격을 가하면 결정이 부서져서 저항이 높기 때문에 응답하지 않게 되는 결점이 있다. 내충격성의 개선으로 카본 나노 튜브 등도 개발되고 있으나 현 시점에서는 아직 저항이 높다는 과제가 있다.

〈플라스틱 자체가 전기를 통하도록 한다.〉

가장 유명한 것은 폴리아세틸렌이다(그림 77). 이것은 유기물이면서 금속광택을 지녔다고 하는 특별한 폴리머로 이것에 미량의 염소이온 등의 불순물을 넣으면 도전성을 가지게 된다. 이것을 발명한 일본의 시라카와 박사는 노벨상을 수상하였다. 폴리아세틸렌 이외에 폴리티오펜 등이 알려지고 있으나 폴리아세틸렌의 도전성에는 미치지 못한다.

> **요점 체크**
> • ITO층을 표면에 붙인 필름이 터치패널에 사용되고 있다.
> • 도전성이 있는 플라스틱의 대표적인 것이 폴리아세틸렌(Polyacetylene)이다.

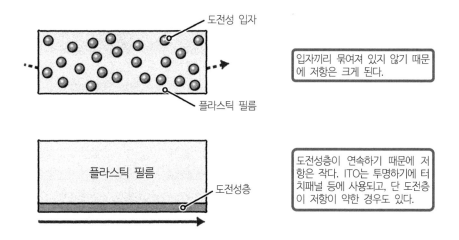

그림 76 다른 재료의 힘을 빌려서 전기를 통하는 것

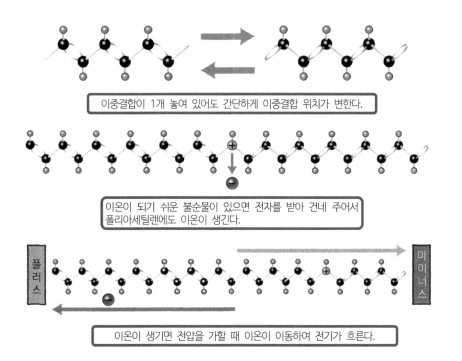

그림 77 폴리아세틸렌(Polyacetylene)

37 압전소자
(스피커에서 입안 근육까지)

압전재료는 변형시키면 전압을 만드는 것 또는 역으로 전압을 걸면 변형하는 것을 지칭한다. 그 압전재료에 전극들을 설치하여 전기적인 인풋(input) 또는 아웃풋(output)이 생기도록 하는 것을 압전소자(壓電素子)라 한다.

예를 들면 사용하고 버려진 라이터(그림 78)에서 레버를 누르면 치익 하는 소리 후 불이 붙는 타입으로 세라믹제의 압전소자가 사용되고 있고, 치익 하는 소리가 날 때 압축된 압전소자가 스프링으로 본래로 돌아가 그때 생기는 전압으로 불꽃을 내어 착화한다. 블루스타에서 불을 붙일 때 칙칙 소리가 나는 것도 같은 원리이다.

플라스틱의 종류에도 압전재료가 되는 것이 있다. 대표적 예로는 폴리불화비닐덴(PVDF)이다. 불소는 전자를 끌어당기기에 마이너스(-)가 되고, 그 외의 부분은 플러스(+)가 된다(그림 79). 이와 같은 전기적인 편향을 분극(分極)이라 한다. PVDF 필름을 늘리고, 분자사슬을 당겨 늘리면 분극방향도 나란하게 된다. 그러면 부근의 분자도 그 분극에 영향을 받아 일렬로 가기 때문에 전체가 나란하게 된다(그림 80). 이와 같은 분극이 자발적으로 일렬화된 재료를 강유전성 재료라 한다.

예를 들면 배향시킨 PVDF의 필름에 전극을 가하여 구부리면 폴리머의 분극 정렬도 변화하기 때문에 미약한 전압이 발생한다. 이것을 검지하는 것이 센서로서 사용할 수 있다는 이유이다. 또 역으로 전극에 전압을 가하면 전기적으로 반발하거나 서로 끌어당기기도 하기에 필름이 휘어진다. 이와 같이 외부의 자극(이 경우는 전압)을 단순한 움직임으로 변하는 소자를 액추에이터라 한다. 로봇의 관절을 움직인다든가 인공근육 등의 응용도 연구되고 있다. 또 교류전압을 가하면 필름이 진동하기 때문에 스피커와 같은 사용법도 생각되어지고 있다. 이 경우 자석과 코일은 불필요하기 때문에 종이 같은 평평한 스피커로 할 수가 있다.

| 요점
체크 | • 압전소자는 전기를 움직여 변하거나 그 역으로 동작하는 것을 말한다.
• 압전소자는 센서 및 액추에이터로의 응용이 기대된다. |

줄 상태의 회전 드럼에서 돌을 비벼서 불꽃을 일으키는 타입으로 압전소자는 사용되지 않는다.

레버를 누르고 내리면 치익 하는 소리와 함께 불이 켜진 라이터에는 세라믹 제품의 압전소자가 사용되고 있다.

그림 78 사용하고 버려진 라이터

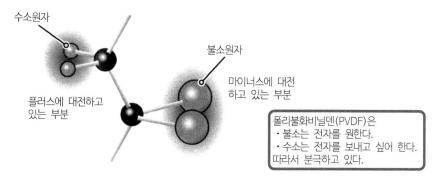

수소원자

불소원자

마이너스에 대전하고 있는 부분

플러스에 대전하고 있는 부분

폴리불화비닐덴(PVDF)은
· 불소는 전자를 원한다.
· 수소는 전자를 보내고 싶어 한다.
따라서 분극하고 있다.

그림 79 폴리불화비닐덴의 구조와 분극

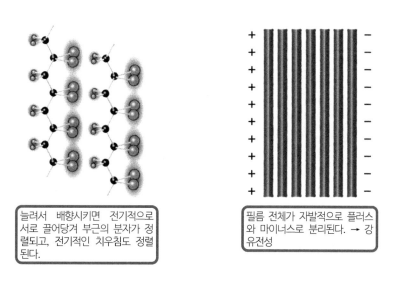

늘려서 배향시키면 전기적으로 서로 끌어당겨 부근의 분자가 정렬되고, 전기적인 치우침도 정렬된다.

필름 전체가 자발적으로 플러스와 마이너스로 분리된다. → 강유전성

그림 80 폴리불화비닐덴의 배향과 강유전성

38 기체투과막과 배리어막
(기체를 통과하고 차단한다)

폴리머의 구조를 연구하여 마이크로(micro)한 간격을 많이 넣으면, 기체를 투과시키는 재료가 된다. 이미지로서는 수월하게 뼈대를 만드는 것과 같은 것이다. 또 친화성이 높은 기체일수록 잘 투과한다. 예를 들면 산소를 투과시키는 경우는 산소와 친화성이 높은 재료로 뼈대를 만들면 좋다. 콘택트렌즈가 이것에 해당된다.

콘택트렌즈에서는 산소의 투과량을 모으고 싶기 때문에 한계에 가까운 곳까지 수월한 구조를 하고 있다. 이렇게 하면 산소 이외의 기체도 통과하나 용도에 따라서는 특정한 기체만을 통과하고 싶은 경우가 있다. 이 때는 그다지 수월하지는 않다. 따라서 그 기체와의 친화성 세기가 투과성에 영향을 미치게 되고 선택적으로 투과시키는 것이 가능하다. 이러한 막을 선택투과막이라 한다. 산소의 선택투과막이라면 통과시킨 기체 중 산소의 비율이 증가하기 때문에 산소부화막(酸素富化膜)이라고도 칭한다. 선택성을 올리려면 막을 치밀하게 하면 좋으나 그렇게 하면 투과량이 감소된다. 선택성이 높고 동시에 많은 양을 투과시키는 막을 희망하고 있으나 양립하는 것은 어려운 현실이다.

역으로 기체를 투과시키지 않는 것도 원하고 있어 특히 식품관계에서는 산소를 투과시키지 않는 성질이 필요하다. EVA(에틸렌비닐알코올 공중합체) 등은 산소 배리어성이 높고, 마요네즈 용기 등에 사용되고 있다.

기체 배리어성을 높이는 것에는 기체투과와는 역으로 가능하면 치밀한 구조로 할 필요가 있다. 따라서 결정성이 높은 것과 강직한 구조를 갖는 폴리머는 기체 배리어성이 뛰어나다. 즉 엔플라와 수퍼 엔플라로 분류되는 폴리머는 기체 배리어성이 뛰어난 것이 많은 이유이다.

요점 체크	• 기체투과성을 높이는 것에는 마이크로(micro)한 간격을 늘려서 친화성을 높인다. • 역으로 기체를 투과시키지 않기 위해서는 치밀한 구조를 한다.

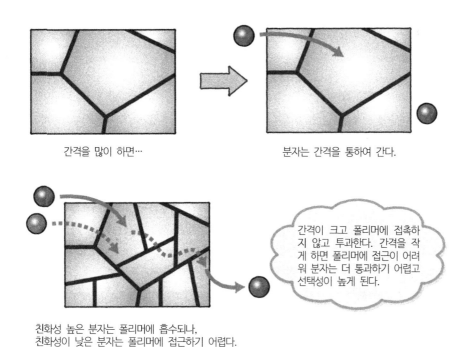

간격을 많이 하면…

분자는 간격을 통하여 간다.

간격이 크고 폴리머에 접촉하지 않고 투과한다. 간격을 작게 하면 폴리머에 접근이 어려워 분자는 더 통과하기 어렵고 선택성이 높게 된다.

친화성 높은 분자는 폴리머에 흡수되나,
친화성이 낮은 분자는 폴리머에 접근하기 어렵다.

그림 81 투과성 높은 폴리머의 구조

투과시킨 분자

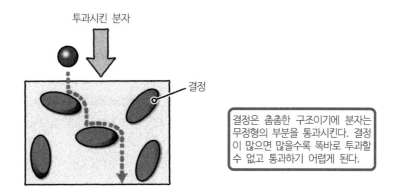

결정

결정은 촘촘한 구조이기에 분자는 무정형의 부분을 통과시킨다. 결정이 많으면 많을수록 똑바로 투과할 수 없고 통과하기 어렵게 된다.

그림 82 배리어성이 높은 폴리머

39 방음재와 방진재
(진동을 흡수한다)

에어컨 실외기에 들어 있는 팬(fan) 등에는 진동에 의해 발생하는 소음이 문제가 된다. 모터 주변에는 진동을 감소시키기 위해 방진고무를 사용하고 있고, 팬의 날개 부분의 플라스틱도 방진성을 개량한 것이 사용되고 있다. 여기서는 어떠한 개량이 이루어지고 있는가에 대하여 서술한다.

먼저, 소리가 들리는 구조를 생각해보자. 인간의 귀에 들리는 주파수는 범위가 좁은 사람이라도 20Hz에서 15,000Hz 정도까지이다. Hz는 헤르츠라 읽고, 1초에 몇 회 진동하는가를 나타낸다. 귀에 들리는 범위의 진동이 재료에 발생하여, 동시에 그것이 공진할 때 그 주파수의 소리가 들린다. 따라서 이 진동을 억누르는 일(방진)로 진동음을 방지(방음)할 수 있는 이유이다.

공진하는 주파수는 재료의 단단함 정도의 성질뿐이 아니라 상품의 형상에 따라 다르다. 따라서 귀에 거슬리지 않는 소리가 발생하기 어려운 형태로 설계하는 것이 전제가 된다.

그러면, 재료 측면에서의 대책에 대해 설명을 해보자.

진동을 억제하는 대표적인 예로서는 방진고무가 있다. 고무는 점성과 탄성 양면을 지니고 있고, 점성 성분은 가해지는 에너지를 흡수하여 열로 변하게 하는 작용을 한다. 이 성질에 주목하여 방진고무에서는 흡수하고 싶은 주파수 부근에서 점성성질이 높게 되는 재료의 설계를 한다.

내장된 모터 등의 진동에서 상품의 바디 자체가 진동하는 경우는 방진고무를 바디 내부에 붙이는 경우도 있다. 또, 팬 등의 플라스틱에서는 그림 83과 같이 방진고무와 같은 진동을 흡수하는 재료를 세밀하게 분산시켜서 넣는 방법도 있다.

요점 체크
- 방진재는 특정의 주파수 진동을 흡수하는 성질이 높게 되어 있다.
- 방진고무는 흡수하고 싶은 주파수에서 점성을 높게 한다.

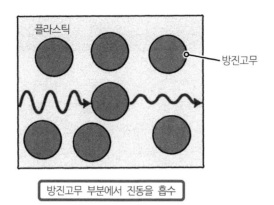

방진고무 부분에서 진동을 흡수

그림 83 방진성의 개량 : 방진고무를 분산시킨다.

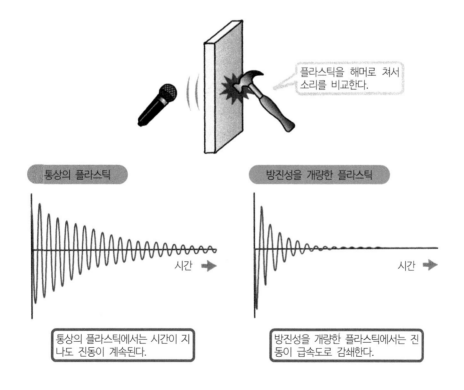

그림 84 방진성의 개량 효과

40 코팅(coating)
(표면을 덮어서 특수한 기능을 부가)

우리 주변의 플라스틱에는 코팅을 해서 성질을 높이거나 별도의 성질을 추가한 것도 있다. 상처(스크래치)방지 코팅이 대표적이다. 이것은 성형품, 필름, 시트 등의 표면을 단단한 층으로 씌우는 것으로 하드코팅이라고도 한다(그림 85).

예를 들면 자동차의 헤드램프커버에 사용되는 폴리카보네이트(PC)의 성형품과 액정 디스플레이의 표면은 하드코팅 처리되고 있다. 재료로서는 열과 빛에서 가교폴리머가 되는 것이 사용된다.

액정 디스플레이 등의 광학용도에서는 외부에서 빛이 비치는 것을 방지하는 것도 중요하다. 비치는 원인은 표면에서의 빛 반사로, 이것을 감소하는 대책이 필요하다. 하나의 방법은 표면을 적절히 거칠게 하여 광택을 없애는 상태로 하는 것으로(防眩, anti-glare), 노트북 컴퓨터에 채용되고 있으나 화상과 영상표시 품질이 높아질 때까지는 좀 더 개량되어야 할 것이다. 현재는 반사방지가 일반적으로 저굴절률이 얇은 층(약 $0.1\mu m$: 1만분의 1mm)을 수용한 것으로 되어 있다(그림 86). 동시에 먼지를 흡착하지 않도록 대전방지성능을 추가하거나, 자외선 차단이나 조광(빛을 받으면 검게 된다)의 작용을 하는 코팅도 있다.

코팅에는 무기물을 얇게 필름에 씌운 것도 포함된다. 포테이토칩의 봉지는 필름에 알루미늄 막을 씌운 것으로 산소와 빛의 투과를 방지하고 안의 품질을 보호하고 있다. 만드는 방법은 진공상태에서 필름을 알루미늄의 증기에 접촉시킨 막을 형성하는 방법으로 진공증착법이라 한다(그림 87의 우측).

이 외에 도전재료를 필름에 씌우는 것으로 터치패널에 사용되고 있다. 또 넓은 의미로는 도료도 코팅에 포함되나 최근 소재의 보호와 착색뿐 아니라 에너지 저감 대책으로서 적외선을 흡수하는 도료 등도 개발되고 있다.

요점 체크
- 코팅에는 하드코팅, 반사방지 등이 있다.
- 코팅에는 무기물을 씌운 필름도 포함된다.

수지(PC)로 만든
헤드램프커버   광디스크   액정 디스플레이   안경

그림 85 하드코팅이 사용되고 있는 예

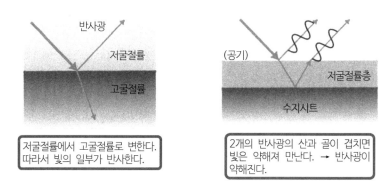

저굴절률에서 고굴절률로 변한다.
따라서 빛의 일부가 반사한다.

2개의 반사광의 산과 골이 겹치면
빛은 약해져 만난다. → 반사광이
약해진다.

그림 86 반사방지 코팅

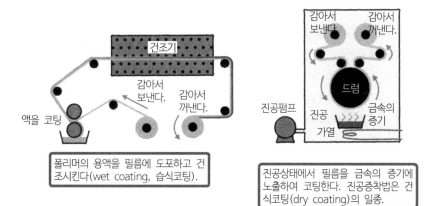

폴리머의 용액을 필름에 도포하고 건
조시킨다(wet coating, 습식코팅).

진공상태에서 필름을 금속의 증기에
노출하여 코팅한다. 진공증착법은 건
식코팅(dry coating)의 일종.

그림 87 코팅방법의 예

41 점착제와 접착제
(사물과 사물을 붙인다)

　접착제와 점착제의 차이에 대하여 설명하자. 간단히 말하면 접착제란 본래는 액상의 것으로 도포하여 붙인 후 굳어서 고체로 된다. 그런 반면에 점착제는 본래 점착성이 있는 반고체 상태의 것으로 붙인 후에도 기본적인 성상(性狀)이 변하지 않는 것을 지칭한다(그림 88). 어느 것도 고분자 관계 재료가 사용되고 있다.

　접착의 원리는 매우 복잡하여 여기서는 설명할 수 없다. 붙이는 사물과의 친화성, 표면의 오목볼록한(요철) 곳에 집어넣어서 굳히는 앵커 효과 등이 키워드가 된다(그림 89).

　접착제는 화학반응을 동반하지 않는 것과 동반하는 것으로 나눌 수 있다(표 19). 전자로는 어떤 종의 폴리머를 용제 등으로 희석한 액을 들 수 있고, 프라모델(plastic model, 조립식 장난감) 용의 접착제와 토목용 본드 등이 있다. 이것들은 용제가 없어지면 접착성이 나오기 때문에 건조하는 것으로 접착성이 높아진다.

　한편 화학반응을 동반하는 예로서는 에폭시 접착제와 순간접착제 등이 있다. 에폭시 접착제에는 올리고머가 들어 있어 2개의 액을 혼합하는 것으로 중합과 가교반응이 진행되고 굳어간다. 즉시 건성이 되어 수분 내로 굳어지는 것도 있으나 잘 굳게 하기에는 수 시간에서 수 일이 걸릴 것이다.

　이에 반해 순간접착제는 공기 중의 수분에서 중합이 시작된다. 따라서 접착하고 싶은 면에 도포하고 가능하면 빨리 붙이는 것이 필요하다.

　한편 점착제로는 셀로판 테이프를 들 수 있고, 접착제 정도로 강하게 붙일 수는 없다. 엘라스토머가 주재료로 이것에 점착성을 높이는 것과 부드럽게 하는 것 등을 첨가한다. 점착제의 성질은 엘라스토머의 종류에 크게 영향을 받고, 용도에 대응하여 사용이 구분된다.

요점 체크	• 접착제는 본래는 액상이나 최종적으로는 굳어져 강하게 붙는다. • 점착제는 원래부터 반고체로 붙인 후에도 성상이 변하지 않는다.

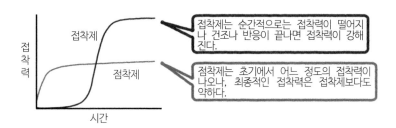

그림 88 접착제와 점착제의 접착력 차이

그림 89 접착 포인트

표 19 접착제의 분류

종 류	특 징
용제계	합성수지와 고무를 용제에 녹인 것으로, 용제가 휘발되어 없어지면 접착성이 나오는 타입
수분산계	토목용 본드와 같이, 본래 물에 용해되지 않는 수지와 고무가 매우 세세하게 분산하고 있는 것. 미립자에 보랏빛이 산란되기 때문에 하얗고 탁하다. 물이 휘발하여 없어지면 미립자를 응집하여 일체화 하여 투명이 되고 접착제로서 활동하게 된다.
고형 (핫멜트접착제)	플라스틱의 열가소성을 이용한 것으로 열을 가하여 조청상태로 하여 접착한다. 식히면 굳어져 접착하나 열을 가하는 장치가 필요하다.
반응계	모노머 등 반응하는 것을 도포하고, 자극하여 중합, 가교 등의 반응을 일으켜 폴리머가 생기고 접착하는 타입. 순간접착제와 2액성 에폭시 접착제 등이 있다.

42 스스로 보수하는 꿈의 재료
(인텔리전트 재료)

플라스틱이 깨져도 파편을 연결시키는 것으로 본래로 돌아간다면 다시 구매할 필요가 없어진다. 실은 이와 같이 꿈과 같은 재료를 진정으로 연구하고 있는 사람들이 있다. 이러한 미래의 플라스틱에 대하여 소개하기로 한다.

첫 번째는 자외선으로 발열하는 금속으로 연결된 플라스틱이다. 플라스틱을 절단하여 절단부분을 접촉시킨 상태로 자외선을 쬐이면 금속부분이 자외선 에너지로 발열하여 그 열로 재료가 유동하여 본래 상태로 돌아간다(그림 90). 또 젤(gel)과 같은 것은 분자사슬이 움직여 회전하기 때문에 자극을 주지 않아도 서로 붙는 것만으로 본래 상태로 돌아간다고 보고 있다(그림 91). 또한 모노머와 중합의 개시제를 접촉하지 않게 포함시켜 놓고, 깨졌을 때 그것을 혼합하고, 중합한 폴리머가 깨진 부분을 메운다는 것도 연구되고 있다(그림 92).

위의 예는 부서진 부분을 플라스틱 자체가 수리하기 때문에 자기수복재료라 불리우나, 원래는 플라스틱에 생체의 뛰어난 기능을 부여시킨 연구의 하나로 그 외에도 환경에 순응하고, 자기진단하고, 자기증식하는 등의 기능이 연구되고 있다. 이와 같은 재료는 금속 등 플라스틱 이외의 재료에서도 연구되고, 이것들은 흡사 지능을 지닌 것과 같은 재료라는 의미로 인텔리전트 재료라고 부른다.

장래에는 생물과 같이 외부환경에 대응하여 색이 변하는 등의 자기진단으로 불편한 점을 알 수 있도록 하고 자기수복 하는 것과 혹은 떨어진 경우 자발적으로 증식하여 떨어진 부분을 메꾸는 등의 재료가 만들어질 수도 있다.

요점 체크
- 인텔리전트(intelligent) 재료란 어느 정도 지능을 지닌 재료이다.
- 자기수복, 자기진단. 환경순응, 자기증식이 가능한 재료이다.

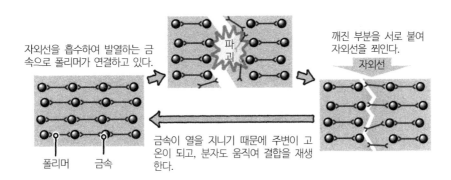

자외선을 흡수하여 발열하는 금속으로 폴리머가 연결하고 있다.

깨진 부분을 서로 붙여 자외선을 쬐인다.

자외선

금속이 열을 지니기 때문에 주변이 고온이 되고, 분자도 움직여 결합을 재생한다.

폴리머 금속

그림 90 자외선에서 본래로 돌아가는 자기수복재료

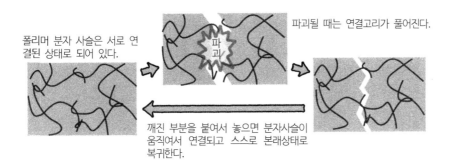

폴리머 분자 사슬은 서로 연결된 상태로 되어 있다.

파괴될 때는 연결고리가 풀어진다.

깨진 부분을 붙여서 놓으면 분자사슬이 움직여서 연결되고 스스로 본래상태로 복귀한다.

그림 91 서로 붙이는 것만으로 본래로 가는 자기수복재료

모노머 캡슐 중합개시제 캡슐

파괴될 때 캡슐도 깨지고 모노머와 개시제가 혼합되며, 중합이 발생한다.

중합에서 생긴 폴리머에서 깨진 부분이 메워진다.

모노머의 캡슐과 중합개시제 캡슐이 분산되어 있다.

그림 92 깨진 부분으로 폴리머가 생기는 자기수복재료

43 플라스틱의 편리성과 문제

플라스틱은 반세기 동안 우리들의 생활 스타일을 크게 변화시켰다. 예를 들면, 우리들의 식생활은 플라스틱에 의해 크게 변화하였다. 편의점에서 다양한 도시락과 음료를 쉽게 구매하도록 된 것은 플라스틱제 용기가 있기 때문이다. 그 외에도 우리들 주위의 많은 것이 플라스틱으로 만들어져 있다. 플라스틱이 없었다면 이 정도까지 우리의 생활이 편리하게 되지 않았을 것이다.

우리는 플라스틱의 편리성이라는 이유로 플라스틱 제품을 많이 사용하고, 간단하게 버려왔다. 플라스틱은 우리 생활에 밀착하고, 크게 공헌하고 있으나 그 이상으로 환경문제, 자원문제, 쓰레기문제, 안전성 등의 문제점도 깊이 관계하고 있다. 그러한 의미로 플라스틱이 포함하고 있는 문제의 대다수는 매우 인간적, 사회적, 현대적인 것에 있다 할 것이다.

플라스틱을 훌륭하게 사용할 수 있는 것은 플라스틱을 보다 잘 이해하고 그 장점과 단점을 냉정하게 지켜볼 필요가 있다. 플라스틱의 좋은 면을 최대한으로 살리고 나쁜 면을 최소한으로 방지하려는 연구를 하여야만 한다. 만약 플라스틱의 편리성만을 추구하여 포함된 문제점을 경시한다면 문제가 점점 심각하게 되어 버린다.

또 역으로 문제점만 추구하여 플라스틱을 나쁜 것이라고만 여기는 것도 안된다. 플라스틱은 목적에 따라 여러 가지 성질의 물건을 만들 수 있기 때문에 만드는 법을 연구하면 포함된 문제를 저감시키면서 편리성을 추구할 수 있을 것이다.

플라스틱을 진정한 의미로 사용하기 위해서는 이와 같은 밸런스 감각을 지닌 플라스틱을 고려할 필요가 있다.

요점 체크
• 플라스틱이 포함하고 있는 문제는 매우 인간적, 사회적, 현대적이다.
• 플라스틱을 사용하는 방법으로는 편리성과의 문제를 고려할 필요가 있다.

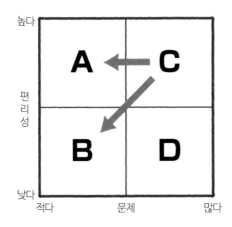

○ A : 문제가 적고, 편리성이 높다.

△ B : 문제가 적고, 편리성이 낮다.

✕ C : 문제가 많고, 편리성이 높다.

✕ D : 문제가 많고, 편리성이 낮다.

편리성을 추구하고 문제를 남겨온 상황 C에서, 문제가 적고 편리성이 높은 A 상황 또는 다소 편리성이 낮게 되어도 문제가 적은 B 상황으로의 전환이 필요하다.

그림 93 편리성과 문제

그림 94 편리성과 문제의 밸런스가 중요

44 플라스틱과 환경문제

목재를 환경에 방치하여 두면 미생물의 움직임에 의하여 부패된다. 금속도 시간이 걸리나 녹으로 부식된다. 그런데 플라스틱은 안정한 물질이기 때문에 환경에 투기하면 분해되지 않고 잔존한다는 지적이 있다. 또 아무리 플라스틱이 안정된 물질이라 하더라도 장시간 비를 맞거나 직사광선에 쬐게 되면 분해하여 유해물질이 배출되거나, 플라스틱 그 자체가 유해물질로 변화하여 환경오염을 일으키는 가능성도 있다.

플라스틱에는 태우면 유독가스를 발생시키는 것도 있다. 넓은 의미의 환경오염에서는 다이옥신의 발생이 문제가 되었다. 다이옥신의 독성에 대하여는 아직 다루지 않은 부분이 있으나 발암성, 최기형성(催奇形性) 등이 있다고 알려져 있다. 다이옥신은 염소화합물과 거북목 구조를 지닌 물질이 저온에서 타면서 발생한다. 현재는 쓰레기 분리가 되고 다이옥신의 발생을 방지하는 소각로가 개발되고 있는 등 이전보다도 이 문제로 시끄럽지는 않다. 따라서 과거 환경에 배출된 다이옥신의 문제는 해결하지 않으면 안된다.

근년 환경호르몬의 문제가 주목되고 있다. 호르몬은 생물체를 제어하기 위하여 체내에서 만들어진 화학물질이다. 그런데 호르몬과 유사한 물질이 체내에 들어오면 호르몬과 같은 활동을 하기 때문에 생체에 영향이 생긴다. 이와 같은 물질을 환경호르몬이라 한다. 실제 성호르몬과 같은 작용을 하는 환경호르몬에 의해서 패류의 수컷화와 게의 암컷화가 생긴다고 하는 사례도 보고되었다. 따라서 환경호르몬에 대하여도 지금까지 잘 알려지지 않은 일도 많이 있다. 확실한 조사결과가 나오지 않은 물질은 안전과 위험을 단언할 수 없다. 오랫동안 전문가 사이에서도 의견이 분분한 상태가 계속되고 있다.

요점 체크	• 플라스틱은 안전한 물질이지만 조건에 따라서는 유해물질도 된다.
	• 잔류물질과 첨가제에는 환경호르몬의 의심이 있는 것도 있다.

| 환경 중에 분해되기 어려운 것이 매년 변화하여 유해물질이 되는 경우가 있다. | 태우면 유해물질이 발생하는 경우도 있다. |

그림 95 플라스틱과 환경문제

표 20 환경호르몬이라 생각되는 물질

물 질	설 명
프탈산에스테르류	염화비닐 수지의 가소성으로 사용되고 있다.
비스페놀A	폴리카보네이트와 에폭시 수지의 원료
스티렌다이머·트리머	스티렌계의 플라스틱 원료
다이옥신	플라스틱 그 자체에 포함되어 있는 것은 아니나, 염소화합물과 방향족화합물(벤젠 등의 환상불포화유기화합물)이 저온에서 연소하면 발생한다. 염소화합물의 플라스틱에서는 폴리염화비닐, 폴리염화비닐덴, 방향족화합물의 플라스틱에서는 스티렌계 플라스틱, 폴리에틸렌 테레프탈레이트(PET), 폴리부틸렌 테레프탈레이트(PBT) 등이 있다. 폴리염화비닐과 폴리염화비닐덴이 없어도 쓰레기 안에서는 식염 등 염소원이 되는 것도 많이 있다.

| 환경문제를 일으키지 않기 위하여 사용한 플라스틱은 적절하게 처리하지 않으면 안된다. |

CHAPTER
02
플라스틱의 재활용과
환경·안전 문제

01 부패하지 않는 플라스틱

플라스틱은 강하고, 가볍고, 녹슬지 않고, 부패하지 않다는 여러 가지 장점이 있다. 그러나 부패하지 않으면 자연생태계에서는 문제가 된다.

나무에서 떨어지는 나뭇잎 등은 매년 발생해도 묻히면 부패되어 자연으로 돌아간다. 부패되기 때문에 묻어도 문제가 되지 않고, 이제까지 시간이 흐름에 따라 반복되어 왔다.

그러나 플라스틱은 묻어도 부패하지 않고 계속 남아 있다. 이것이 문제이다. 성형되어 사용된 후의 사용 마무리 처리가 어떻게 될까?

세탁물을 건조시킬 때 사용하는 세탁 플라스틱 톱니 등은 사용하는 동안은 너덜너덜 되어 버리기 때문에 부패하고 있다고 생각할 수 있다.

그러나, 이것은 플라스틱의 긴 고분자가 자외선에 의해 절단되어도 부서지기 쉽게 되어 있는 것으로 부패되는 원인은 아니다. 박테리아에 의하여 분해되어 가면 다시 자연계로 돌아가나, 박테리아가 섭취할 수 없다. 박테리아가 섭취할 수 없기 때문에 부패되지 않는다는 특징도 있으나, 이것이 역으로 큰 문제가 되고 있다.

실은 박테리아가 고분자의 일부를 섭취하고 분해하도록 한 플라스틱도 개발되고 있다.

부패되지 않는다고 하면, 태워버려도 좋다고 하는 생각이 들겠지만 태우기 쉬워도 문제가 있다. 플라스틱은 본래 석유에서 만들어지고 있기 때문에 지나치게 태워질 수 있다. 지나치게 타면 어떻게 될까? 쓰레기 소각장의 소각로의 온도가 높아져 소각로가 파괴되어 버리는 일도 있고, 온도가 높아지면 큰 문제가 되는 다이옥신(dioxin)의 발생 원인이 된다. 따라서 간단하게 태워버리면 되겠지 하는 생각에도 불구하고 소각장치의 상태 등을 보고 처리해야 큰 문제가 없다.

사용하는 시기가 종료되면 더 이상 사용할 수 없기 때문에 간단히 버리는 것을 생각할 수 없는 세상이 온 것이다.

요점 체크	• 오래 사용할 수 있게 만들어진 플라스틱이다. • 가치관이 변하는 것은 시대의 흐름이다. • 자연파괴에 주의해야 한다.

02 플라스틱의 폐기처리

플라스틱에 한정하지 않고, 폐기물을 함부로 버리고 있는 것은, 쓰레기 처리장도 포화상태가 되어 버리고, 우리의 생활환경이 파괴되어 버린다. 이러한 문제에 대한 활동으로서 3개의 R이 있다. Reduce(쓰레기 줄이기), Reuse(반복 사용하기), Recycle(자원으로서 재활용하기)이라고 하는 것이다.

먼저, 줄이고, 재이용하고 그리고 남는다면 무언가의 형태로 재활용(회수)하려는 것이다.

플라스틱은 쓰레기로서는 부패하지 않는다는 문제가 있기 때문에 이러한 3R 활동은 중요하다. 따라서 플라스틱의 3R로서 어떠한 것이 있나 몇 가지 예를 살펴보자.

Reduce(줄이자)라고 하는 것에 대해서는 수퍼마켓 등에 사용되고 있는 비닐백을 유료화 하여 감소시키는 활동도 여기에 해당된다. 해외에서는 이미 편의점에서도 유료화 하는 나라도 있다. 컵라면 등의 컵, 플라스틱 빨대도 플라스틱이 아니라 종이재질의 것으로 사용하고 있다. 또 최근에는 음료용의 PET병의 두께를 얇게 하여 마신 후 손으로 눌러서 작게 하여 버리도록 하는 것도 나와 있다. 이렇게 얇게 하여 사용하는 것도 플라스틱의 양을 줄이는 역할이 된다.

Reuse로서는 유리병 등과 같이 세척하여 재이용할 수 있는 것으로, 실제로는 용이하지 않다. 왜냐하면 페트병은 음료를 담는 용기이므로 사용 후 흠집이나 상처 없이 회수하는 것이 어렵고, 회수하더라도 비경제적이기 때문이다. 그러나 플라스틱의 용기를 구부려 쌓는 방식으로 운반을 마친 후 작게 하는 것으로, 또는 세척하여 사용하도록 하는 것도 있다.

Recycle의 방법으로는 머티리얼(material) 리사이클, 케미컬(chemical) 리사이클, 서멀(thermal) 리사이클 등이 있다.

요점 체크 • 줄이고, 재사용, 재활용의 3R이 있다.

Reduce · Reuse · Recycle 캠페인 마크

Reduce   Reuse   Recycle

리사이클 사회 구현을 목표로 3R을 추진하고 있다.

중국에서도 길가에는 리사이클이 가능한 것은 분별하여 회수하고 있다.

재사용의 예

이것은 어느 메이커의 해외(태국)에서의 음료수 PET병의 예이다. 일본, 중국에서도 얇게 만든 것이 사용되고 있다.

03 3가지 리사이클 (Recycle)

플라스틱에 관한 3개의 R 중 2R Reduce, Reuse는 이미 설명하였다. 여기에서는 남은 Recycle에 대하여 소개하기로 한다.

플라스틱의 리사이클 방법은 머티리얼 리사이클(재료 리사이클), 케미컬 리사이클(화학적 리사이클), 서멀 리사이클(에너지 회수)의 3가지로 분류된다.

머티리얼 리사이클은 본래의 재료 그대로 재사용하는 것이다. 케미컬 리사이클은 재사용할 수 없는 것을 화학적으로 분류하여 다른 물질로 변화시켜 사용하도록 하는 것이다. 그리고 그대로 사용할 수 없는 것은 태우는 것으로 하여 에너지로 회수(리사이클)하는 것을 의미한다.

머티리얼 리사이클로서는 사출성형 할 때 나오는 런너(runner) 등 제품에 없는 부분을 분쇄하여 재이용하는 것 등이 있다. 이것은 기본적인 사항이다.

여러 가지 폐플라스틱을 혼합하면 잘 혼합되거나 분리되거나 하여 사용하지 못하는 물건이 된다. 따라서 어느 정도는 소성(素性)이 유사한 것 끼리 사용할 필요가 있고, 그것도 본래의 플라스틱 성능(물성)보다는 떨어져 버리기 때문에 성능과 외관 등이 요구되는 곳에는 사용하지 않고, 원예품과 벤치 등의 용도로 성형되고 있다. 페트병과 발포 스티롤(styrol, 스티렌)의 트레이(tray) 등은 회수되어도 재료가 같기 때문에 세정·분쇄되어 본래 재료로 돌아간다.

케미컬 리사이클은 플라스틱 자체가 거의 탄소와 수소로 만들어져 있기 때문에 이것이 코크스(cokes)로 변하거나, 고분자로 되기 전의 상태까지 돌려서, 그 상태에서 재이용하려고 하는 것으로 매우 어려운 작업이다.

서멀 리사이클은 최근에는 소각설비도 개량되어 태운 에너지를 지역난방에 사용한다든가 발전하여 전기로서 회수되는 방법을 채택하고 있다.

요점 체크	• 물리적인 리사이클, 화학적 리사이클, 열적 리사이클이 있다.
	• 최후에는 태워서 에너지로 변환시킨다.

3가지 리사이클

머티리얼 리사이클

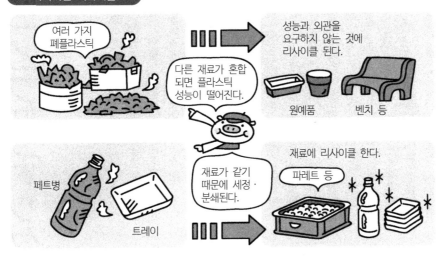

케미컬 리사이클

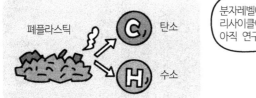

서멀 리사이클

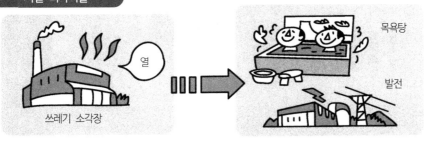

04 페트병과 발포 스티롤(스티렌)의 리사이클

페트병과 발포 스티롤이 회수된다고 하여도 그것을 그대로 녹여서 재생한다고 할 수 없다. 예를 들면, 병은 PET제 뿐만 아니라 폴리에틸렌과 염화비닐제의 것도 있고, 착색되어 있는 것도 있다. 또 오염되어 있는 것과 뚜껑이 달린 것, 담배꽁초 등의 쓰레기 등이 들어가 있는 것도 있을 것이다.

재생하여 이용하기에는 이물질이 있어 물성을 확보할 수 없게 될 뿐 아니라 분리하여 사용하지 않으면 안되는 경우도 있다.

때문에 일단 수작업으로 분별·압축하여 리사이클 업자에게 운반된다. 리사이클 업자는 이것을 컨베이어에 흐르게 하며 광선별에 의하여, 염분이 묻은 제품과 착색된 것을 제거한다. 그리고 동시에 이물질 등이 섞여 있지 않을까 수작업으로 분별하고 분쇄기에 넣어서 플레이크(flake, 얇고 작은 조각) 상태로 한다. 그 후 세정하여 풍력과 액체 등으로 비중분리를 한 후 PET의 플레이크만을 추출하는 것이다. 이 플레이크재에서 추출기를 사용하여 팔레트(pallet)로 한다. 이 팔레트는 시트, 백, 카펫 등의 원료로 사용되고 있다. 본래의 페트병 재료로서 사용하기에는 물성을 조절해야 하기 때문에 물리적인 머티리얼 리사이클 만으로는 불가능한 것도 있다. 그 경우에는 플레이크재를 일단 케미컬 리사이클로서 PET로 되기 전의 상태까지 되돌려 재이용하는 방법이 채택되고 있다.

리사이클이라 하여도 본래의 상태까지 되돌린다는 것은 대단한 상황이라고 이해할 수 있다. 즉 페트병의 마개는 폴리에틸렌제이다. 물질로서는 서로 전혀 다른 재료이기 때문에 혼합하여 사용할 수 없다.

요점 체크	• 리사이클로 사용되고 있는 PET • PET와는 별개로 PE 캡(cap) 리사이클 운동

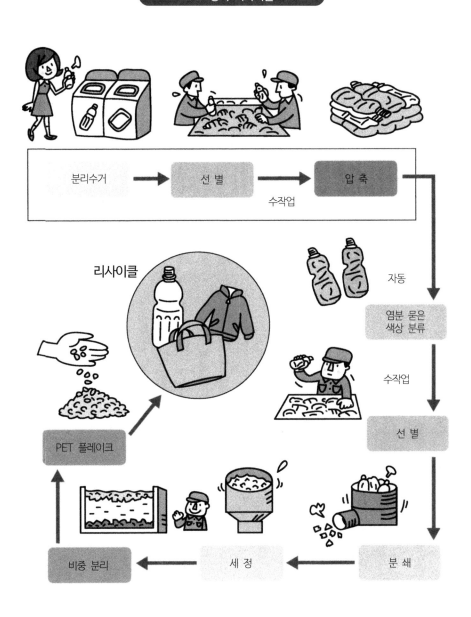

PET병의 리사이클

분리수거 → 선 별 → 압 축
수작업

자동

염분 묻은
색상 분류

수작업

선 별

리사이클

PET 플레이크

비중 분리 ← 세 정 ← 분 쇄

05 바이오 플라스틱

바이오 연료란 사탕수수와 옥수수 등을 발효 여과하여 에탄올이라는 알코올을 만들어서 가솔린 대신으로 사용하는 자동차용 대체 연료이다. 석유자원의 고갈화의 염려가 문제로 발생하여 석유가격이 상승하기 때문에 개발되었다.

석유 본래의 연료와 비교하여, 이산화탄소 발생이 적다는 관점에서 지구온난화 완화대책으로도 효과가 있다고 생각된다. 이와 같이 재생가능한 유기자원(식물)을 이용하여 만든 것으로는 바이오매스(biomass)가 있다. 즉 바이오 연료는 바이오매스 연료이다. 석유에서 만든 에탄올도 이 바이오매스 연료의 에탄올과 화학적으로 동일하다. 이 바이오매스의 에탄올에서 플라스틱을 만든 것이 바이오매스 플라스틱이다. 때문에 바이오 플라스틱은 폐기문제보다는 지구온난화 문제 대책과의 관계가 강하다.

그러면, 바이오 플라스틱과 바이오매스 플라스틱의 차이가 있는 것일까?

바이오매스 플라스틱은 바이오 플라스틱을 포함하고 있고, 바이오 플라스틱은 이미 별개의 의미를 지니고 있다.

그것은 사용 후에 방치하여도 박테리아 등에 의하여 생분해하여 자연으로 돌아간다는, 말하자면 부패되는 플라스틱이다. 생분해 플라스틱 즉 그린 플라스틱이라 불리우고 있다. 자연계에 돌아간다는 것은 단순히 플라스틱이 분해하여 작게 되어 최종적으로는 이산화탄소와 물의 레벨 등의 극소레벨까지 돌아가는 것이다. 이것을 만드는 방법은 생물을 사용하여 만드는 방법, 전분과 키토산 등에서 만드는 방법, 그리고 화학적으로 합성하는 방법이 있다. 사출성형과 시트 등에서 식품용기, 쓰레기봉투, 포장시트, 완충재 등에 사용하고 있으나, 비용 면에서 큰 난점이 있다.

요점 체크	• 자연에서 인공적으로 만들 수 있는 바이오 플라스틱 • 자연으로 회귀하는 생분해성 플라스틱

바이오매스의 의미

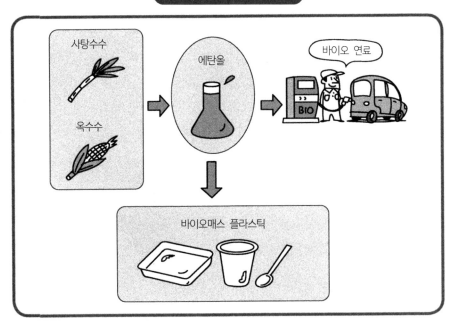

생분해성 플라스틱

06 환경 문제

　1970년대 이후 대량생산·대량소비·대량폐기에 따른 플라스틱(수지) 생산량의 증대는 경제발전에 크게 기여하고, 국민생활을 윤택하게 하였으나 그 반면, 대량생산에 따른 사용하고 버리는 소비형태는 엄청난 폐기물의 소각에 의한 대기오염과 매몰에 의한 각종 환경파괴 문제가 현실화되어 버렸다. 그러한 것으로 산성비로 인한 수목의 고사, 대기오염으로 인한 건강피해, 각종 공해병 발생, 하천과 호수의 수질오탁에 따른 어류의 떼죽음, 생태계 환경파괴에 의한 야생동물의 사멸 등을 예를 들 수 있다.

　이것들은 국경을 초월한 지구규모에서 대처하지 않으면 안되기에, 국제적으로 다양한 조약에 따라 규제되고 있다.

　플라스틱 생산량은 1990년 후반부터 급속하게 증가하여 철강의 생산량에 필적할 만큼 되었다. 그리고 자동차·가전·IT기기·OA기기·건축재료·포장의료·일용잡화 등 일상생활에 밀접하게 관련 있는 제품 등은 이미 플라스틱 없이는 만들 수 없는 중요한 소재로서의 지위를 확립하고 있다.

　그 반면, 생산·사용·폐기의 각 단계에서 환경 및 안전상의 여러 가지 문제에 책임을 질 입장도 있다. 지구환경 문제로서는 지구온난화, 대기오염, 수질오탁, 오존층 파괴, 유해물질에 의한 오염 등이 있고, 이러한 대책은 기업경영은 물론, 일상생활에서도 피해갈 수 없는 것이므로 플라스틱의 혜택과 동시에 이러한 점을 잘 파악하고 대처해야 한다.

요점 체크	• 생산활동 및 일상생활에 있어 지구의 환경은 다양하게 오염되고 있다.

지구환경에서 문제가 되는 요인

지구온난화 -------->	CO$_2$, 메탄가스, 프로판가스, N$_2$O
오존층파괴 -------->	프로판가스
산성비 -------->	SOx, NOx, 염산가스
해양오염 -------->	공업배수, 생활배수, 해양투기, 기름유출, 불법투기 플라스틱
유해폐기물 등	

환경에 관한 법규

환경오염방지법
수질오탁방지법
농업용지오염방지법
소음규제법
공업용수법
악취방지법

환경 파괴의 사례

산성비에 의한 수목 고사
대기오염에 의한 각종 공해병 발행
기형물고기의 발견
하천, 호수 수질오탁에 의한 어류의 사멸
사막화 진행
생태계 파괴에 따른 야생동물의 감소와 사멸
황사와 PM2.5 문제

07 플라스틱의 빛과 그림자

　우리들의 생활수준은 시대의 진보와 함께 향상되어 가고 있다. 플라스틱은 그 편리성 향상으로 폭넓게 팔리고 있다. 그러나 플라스틱 제품은 오랜 기간 사용하고 버려지는 시대가 되었다. 그리고 부패하지 않고 태우고, 육지나 바다, 산에서도 문제가 발생하고, 생태계에도 영향을 계속 미치고 있어 오염 문제가 대두되는 시대이다.

　그 문제해결의 제1 방법으로 태우면 다이옥신의 발생이 큰 문제가 되는 외에 이산화탄소의 증대가 온난화를 촉진하는 등 자연순환 사이클을 어지럽히는 원인으로 사회적 문제가 되어 버렸다. 이것은 현재와 후세까지도 영향을 미치는 문제이다.

　우리들은 편리성을 지니며, 지금 그 대처 방법을 어떻게 행하고 가야하나를 고민하고 있다. 이 대처를 위하여 지불하기에는 다액의 비용이 부담된다. 이 비용을 경제적인 동시에 효율적으로 어떻게 해서 사용할 것인가가 과제가 된다.

　바이오매스에 대하여 약간 설명하였으나, 플라스틱도 석유에서 얻는 것 뿐만 아니라 자연을 이용하여 플라스틱을 생산하는 단계에서 폐기되어 소멸되어 가는 단계까지도 종합적으로 기술과 자연체를 포함하는 활동 때로는 정치적인 판단이 필요하게 되었다.

　인간이란 위대한 생물체라 생각한다. 자신들의 장래를 예측하고, 미래를 생각하는 행동이 가능한 것은 인간 이외에는 없을 것이다. 이것은 대단하고 훌륭한 능력이라 말할 수 있다.

CHAPTER
03
사례연구
(Case Study)

01 플라스틱 쓰레기 문제, 재활용 공장에서 답 찾았다

페트병 재활용 공장서 찾은 미생물, 플라스틱 분해하는 능력 확인
퇴비 더미서 발견한 미생물 효소, 페트병 90%를 10시간만에 분해
플라스틱 분해 플랑크톤 개발, 800만 t 해양쓰레기 해결 나서기도

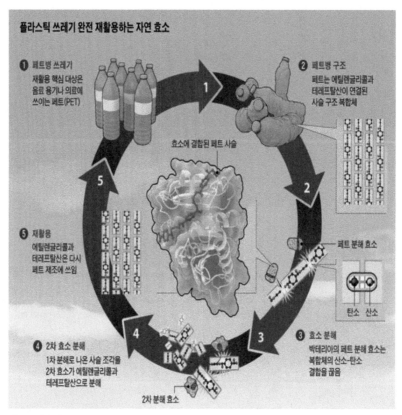

자료 : 사이언스

　이달 초 오스트리아 과학자들이 소의 위에 사는 미생물이 플라스틱을 분해할 수 있다고 발표했다. 도축장에서 나온 소의 위에서 위액을 받아 실험했더니 음료수병에 쓰이는 페트(PET, Polyethylene Terephthalate, 폴리에틸렌 테레프탈레이트) 같은 플라스틱이 분해됐다는 것이다. 연구진은 소의 위에 사는 미생물에서 플라스틱을 분해하는 효소를 찾아내면 플라스틱 재활용에 큰 도움을 줄 수 있다고 기대했다.

국제 학술지 사이언스는 지난 2일 자연의 힘으로 생태계를 위협하는 플라스틱 쓰레기를 해결하려는 연구가 활발하게 진행되고 있다고 밝혔다. 극한 환경에서 플라스틱을 먹이로 삼은 미생물을 이용하자는 것이다. 과학자들은 미생물 효소로 플라스틱의 사슬 구조를 끊어내면 다시 플라스틱 제조 공정에 원료로 투입할 수 있다고 본다. 플라스틱의 완전 재활용 시대가 다가오고 있다.

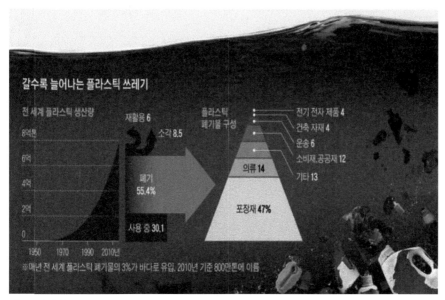

자료 : 사이언스

페트병 분해 미생물, 재활용 공장에서 찾아

플라스틱 쓰레기는 지구 생태계를 위협하고 있다. 플라스틱 폐기물의 단 3%가 바다로 흘러가지만 그 양이 800만t에 이른다. 물개는 플라스틱 고리에 목이 졸려 죽고 해변에서 죽은 채 발견된 거북의 배 안에는 비닐봉지가 가득했다.

재활용 연구의 주요 공략 대상은 전 세계 플라스틱 생산량의 5분의 1을 차지하는 페트다. 페트병은 2018년 기준으로 미국에서 29%만 재활용된다. 옷에 쓰인 페트는 재활용이 더 어렵다. 옷에는 다른 물질도 많이 섞여 있기 때문이다.

2016년 일본 과학자들은 페트병 재활용 공장에서 발견한 '이디오넬라'라는 미생물에서 플라스틱 분해 효소 두 종류를 발견했다. 2년 뒤 영국 포츠머스대의 존 맥기헌 교수는 일본 과학자들이 발견한 미생물 효소를 개량해 플라스틱 분해 능력을 20% 이상 증가시켰다. 연구진은 효소가 페트와 더 잘 결합하도록 변형해 분해 속도를 높였다.

지난해 4월 프랑스 카르비오사(社)는 국제 학술지 네이처에 퇴비 더미에서 찾은 미생물의 효소로 페트병의 90%를 10시간에 분해했다고 발표했다. 이 회사는 자연 상태의 미생물 효소를 개량해 플라스틱에 더 단단히 결합하도록 했다. 카르비오는 2024년까지 프랑스에 플라스틱 분해 공장을 세워 재활용 플라스틱 원료를 연간 4만t씩 생산하겠다고 밝혔다. 이미 시험 생산 공장을 짓고 있다.

맥기헌 교수는 지난해 9월 처음 일본에서 발견된 페트 분해 효소 두 가지를 연결한 수퍼 효소를 발표했다. 효소의 플라스틱 분해 속도가 이전보다 6배나 빨라졌다. 과학자들은 세제로 옷의 오물을 제거하듯 미생물 효소를 플라스틱 쓰레기 더미에 뿌려 페트 원료만 뽑아낼 수 있다고 기대한다.

국내에선 해양 오염 해결할 플랑크톤 개발

과학자들은 자연에 플라스틱을 분해하는 미생물들이 더 있다고 본다. 플라스틱 분해 효소는 구조가 원래 미생물이 식물을 분해할 때 쓰는 효소와 흡사하다. 사과 껍질 같은 식물 성분도 플라스틱과 같은 고분자 구조를 갖고 있다.

유럽·중국 컨소시엄은 퇴비 더미에 사는 미생물에서 플라스틱 분해 효소를 찾고 있다. 맥기헌 교수는 인도네시아 습지 식물인 맹그로브에 큰 기대를 하고 있다. 거친 맹그로브 잎을 분해하는 미생물이 수십 년간 맹그로브 뿌리에 걸린 플라스틱을 그냥 두지 않았을 것이란 생각이다.

지금까지 찾은 미생물은 탄소와 산소 원자 결합으로 이뤄진 페트만 분해할 수 있다. 그보다 훨씬 생산량이 많은 폴리에틸렌과 폴리프로필렌은 탄소 원자끼리 결합돼 미생물이 분해할 수 없다. 과학자들은 곤충에서 해결책을 찾고 있다. 최근 나방 애벌레가 폴리에틸렌 성분의 비닐봉지를 분해한다는 연구 결과가 나왔다.

국내에서는 플라스틱 분해 플랑크톤을 개발했다. 한국생명공학연구원의 김희식 박사 연구진은 일본에서 발견된 이디오넬라균의 플라스틱 분해 효소 유전자를 식물성 플랑크톤에 도입했다. 지난해 연구진은 플랑크톤이 페트병을 분해하는 것을 확인했다. 지금은 다양한 플랑크톤에 플라스틱 분해 능력을 부여하는 연구를 하고 있다.

김희식 박사는 "해양 플라스틱 쓰레기를 바다에 사는 플랑크톤으로 해결하자는 것"이라며 "상용화 전에 해양 플라스틱 쓰레기와 유전자 변형 생물 중 어느 쪽이 더 문제인지 사회적 논의가 먼저 이뤄져야 한다"고 말했다.

-조선경제, "플라스틱 쓰레기 문제, 재활용 공장에서 답 찾았다". B6, 2021. 7. 8.-

02 휴비스 '생분해 페트섬유' 국내 첫 본격 양산

땅에 묻으면 3년만에 자연분해

열에도 강해 활용범위 넓어

내년까지 3,500t 생산 확대

폐페트 재활용 섬유도 각광

재활용 원료~원사 일괄생산

휴비스의 친환경 섬유 생산 현황

종류	특징
에코엔	매립 시 3년 이내 생분해되는 섬유, 내구성은 일반 섬유와 동일
에코에버	페트병 재활용 섬유, 3월부터 원료~제품까지 일괄 생산
LMF	저융점 접착 섬유, 환경에 유해한 접착제 제거

화학섬유 기업 휴비스가 국내 최초로 개발한 '생분해 섬유'의 대량생산에 나선다. 땅에 매립했을 때 저절로 분해돼 사라지는 섬유는 국내에 처음 출시되는 만큼 아직까지 시장 자체가 형성되지 않은 분야다. 휴비스는 생분해 섬유 분야의 '퍼스트 무버(first mover, 선도자)'로서 친환경 시장을 개척하고 환경·책임·투명경영(ESG) 중심의 사업 포트폴리오를 강화해 나간다는 전략이다. 15일 업계에 따르면 휴비스는 국내 화학기업 중 처음으로 생분해 페트(PET, Polyethylene Terephthalate, 폴리에틸렌 테레프탈레이트) 섬유인 '에코엔'의 상업생산을 본격 시작했다. 재활용 섬유인 '에코에버' 또한 최근 주문이 확대되면서 생산량을 확대했다. 휴비스 관계자는 "두 제품 모두 과거 연구개발(R&D)을 성공한 제품으로 최근 친환경 패러다임과 맞물려 주문이 늘어나고 있다"고 말했다.

휴비스가 국내 최초로 개발한 에코엔은 매립했을 때 생분해되는 PET 섬유다. 합성섬유는 플라스틱과 마찬가지로 원유에서 뽑아낸 원료로 만든 고분자 물질로 수백 년이 지나도 썩지 않는다. 많은 기업들이 생분해되는 플라스틱을 이용해 생분해 섬유 제작에 나섰지만 내열성과 내구성이 약해 대부분 실패했다. 플라스틱을 불 옆에 두면 모양이 변하듯, 플라스틱으로 만든 섬유는 다림질이 불가능했을 뿐 아니라 옷이 금방 뜯어지는 단점이 있었다.

휴비스 연구진은 생분해성 고분자 물질에 PET를 섞어 열에 잘 견디면서도 생분해되는 섬유를 만드는 데 성공했다. 휴비스는 생분해 섬유를 2011년 개발했지만 당시 시장도 형성되지 않았고 무엇보다 대량생산이 어려워 상업화에 실패했다. 2019년 글로벌 화학기업 듀폰도 생분해 섬유 생산에 나섰지만 수지가 맞지 않아 사업을 철수하기도 했다.

하지만 지난해 ESG경영이 화두로 떠오르면서 생분해 섬유에 대한 관심이 높아지자 휴비스는 특수 반응기를 만들어 국내 최초로 생분해 PET 섬유 대량 생산에 성공했다. 생분해 섬유는 다림질도 가능할 뿐 아니라 5년 이상 입어도 될 정도로 튼튼하다. 매립 시 3년 이내 생분해된다.

휴비스는 올해 150t을 시작으로 내년부터 연간 3,500t을 생산·판매한다는 계획이다. 휴비스 관계자는 "시장이 크게 형성되지 않았지만 친환경 흐름을 타고 매출이 점점 확대되고 있다"고 말했다. 휴비스는 에코엔을 아웃도어 브랜드뿐 아니라 필터, 위생재(기저귀 등) 등으로 용도를 확대해 시장을 만들어 나간다는 전략이다. 버려진 PET병을 재활용한 섬유 '에코에버'는 2009년 개발해 축구 국가대표팀 유니폼으로 생산했었다. 하지만 에코엔과 마찬가지로 친환경 시장이 성숙되지 않아 판매가 활성화되지 못했다. 역시 최근 폐플라스틱 재활용 시장이 커지면서 에코에버를 요청하는 기업들이 늘어나고 있다. 휴비스는 올 3월 국내에서 수거된 PET병으로 고순도의 재활용 원료를 생산하는 자체 설비를 갖추고 재활용 원사까지 일괄 생산체제를 구축했다. ESG경영이 화두가 되면서 SK종합화학, 롯데케미칼을 비롯해 국내 화학기업들이 폐플라스틱 재활용 사업에 나서고 있다. 휴비스는 SK케미칼과 함께 올해 3분기 국내 최초로 화학적 재활용 방식의 섬유인 '에코에버 CR'를 출시하기로 했다. 이를 위해 SK케미칼은 폐플라스틱과 폐의류를 화학반응을 이용해 분해한 고분자를 공급하고 휴비스는 이를 활용해 섬유를 만든다는 계획이다. 휴비스 관계자는 "다양한 재활용 섬유를 만드는 것에 그치지 않고 자체 보유한 생분해 기술을 접목하겠다"고 말했다.

-매일경제, "휴비스 생분해 페트섬유 국내 첫 본격 양산". A17, 2021. 7. 16.-

03 SK, 폐플라스틱 재활용 '도시유전' 만든다

SK종합화학 6,000억 원 투자해
울산 산단에 재활용 공장 건설
2027년에는 250만 t 생산 목표
국내 최대규모 자원순환 사업
오염물질 많은 폐비닐에서는
'석유화학의 쌀' 납사 뽑아내

나경수 SK종합화학 사장이 지난 1일 SK이노베이션 '스토리데이'에서 폐플라스틱 재활용 사업 추진 등 친환경 전략을 설명하고 있다. (사진 제공=SK이노베이션)

"화석연료 사용에 대한 어떤 흔적도 남기지 않겠다."

SK종합화학이 울산에 국내 최대 규모 화학적 재활용 공장을 건설한다. 화학적 재활용은 폐플라스틱을 다시 원료 상태로 되돌리는 궁극적인 재활용 방식이다. 화학적 재활용의 효율을 높이면 새로 석유를 쓰지 않고 도시 내 폐플라스틱을 통해 지속적으로 화학상품을 만들어낼 수 있다. SK종합화학이 새로 짓는 울산공장을 '도시유전'으로 부르는 이유다. SK종합화학은 2025년까지 재활용 플라스틱을 통한 화학사업 매출을 키워 기존 석유화학 매출을 넘긴다는 목표다.

8일 SK종합화학은 울산시청에서 송철호 울산시장과 나경수 SK종합화학 사장이 참석한 가운데 '폐플라스틱 자원순환사업 투자 양해각서(MOU)'를 체결했다고 밝혔다. 이번 협약에 따라 SK종합화학은 2025년까지 약 6,000억 원을 투자해 울산미포국가산업단지 내 폐플라스틱을 원료로 열분해와 페페트(PET, Polyethylene Terephthalate, 폴리에틸렌 테레프탈레이트) 해중합 방식으로 재활용하는 공장을 건설할 계획이다. 해당 용지는 축구장 22개 크기인 약 16만m²로 국내 페플라스틱 자원순환사업 중 최대 규모 공장이 될 전망이다.

SK종합화학은 이번 화학적 재활용 공장 조성에 열분해와 해중합 등 두 가지 방식을 적용할 계획이다. 수거율이 높아 재활용이 비교적 쉬운 PET(Polyethylene Terephthalate, 폴리에틸렌 테레프탈레이트)의 경우에는 고분자화합물인 PET를 보다 작은 단위로 분해한 뒤 재합성하는 해중합 기술을 활용한다. SK종합화학은 캐나다 루프인더스트리와 손잡고 같은 용지 안에 2025년까지 연간 8만 4,000t 처리 규모의 해중합 설비를 구축할 계획이다. 앞서 SK종합화학은 지난달 루프인더스트리 지분 투자를 통해 해중합 기술을 확보했다. 페비닐 등은 석유화학의 '쌀'로 불리는 납사 단위로 분해해 재활용하는 열분해 방식을 도입한다. 페비닐에는 오염 물질이 많이 묻어 있고 다양한 물성의 플라스틱이 섞여 있어 단량체로 만들기 어렵기 때문에 한 단계 더 분해하는 셈이다.

SK종합화학은 2024년까지 미국 브라이트마크와 협력해 울산미포국가산업단지 안에 연간 10만t 처리 규모 열분해 생산설비를 구축할 예정이다. 생산되는 열분해유는 SK종합화학 석유화학 공정의 원료로 사용된다. SK종합화학은 이를 바탕으로 2025년 90만t, 2027년 250만t 까지 페플라스틱 재활용 규모를 확대한다. 종국엔 회사가 생산하는 플라스틱의 100%에 해당하는 페플라스틱을 재활용해 나갈 방침이다.

SK종합화학은 이번 투자 결정을 시작으로 국내를 넘어 아시아 지역으로 페플라스틱 재활용 사업을 확대해 글로벌 페플라스틱 문제 해결에서도 선두에 나설 계획이다. SK종합화학은 2030년까지 한국을 비롯한 아시아 지역 내 총 4곳에 페플라스틱을 연간 40만t 처리할 수 있는 규모의 해중합 설비를 확충할 예정이다.

-매일경제, "SK, 페플라스틱 재활용 도시유전 만든다". A17, 2021. 7. 9.-

04 친환경 에너지 난제 … 태양광 폐패널 · 풍력발전 날개 재활용 어려워 골치

[탄소 제로 30년 전쟁]
태양광 폐패널, 자원 회수율 낮아
풍력 폐날개, 특수 유리섬유 소재로 재활용이 거의 불가능
미국선 년 8,000개 대규모로 매립

정부가 2050년까지 태양광과 풍력 설비를 지금의 수십 배 규모로 늘리면 태양광 · 풍력 폐기물도 그만큼 늘어나게 된다. 지금부터 20~30년 뒤부터는 매년 수십만t 규모 폐기물이 한꺼번에 쏟아져 나올 전망이다. 신재생 발전 설비는 여러 부품이 결합된 데다 내구성을 위해 강성 소재를 사용해 재활용이 쉽지 않다.

24일 환경부로부터 제출받은 '태양광 폐패널 발생량 추정 현황'에 따르면, 오는 2031~2035년 5년간 폐패널이 9만 4,000여t 발생할 것으로 추산됐다. 앞서 2011~2015년 신규로 설치됐던 2.9GW 규모 태양광이 수명 연한을 다해 발생되는 결과를 예측한 것이다. 작년에는 장마철 산사태로 인해 87t의 폐패널이 발생하기도 했다.

정부는 태양광 발전을 2050년까지 30년간 450GW 안팎 급증시킬 계획으로 알려졌다. 이에 따라 20~30년 뒤 수백만t 이상의 폐패널이 쏟아져 나올 전망이지만, 정부는 그 규모를 가늠하지 못하고 있다. 윤영석 의원은 "현 세대가 늘린 태양광 패널은 후대가 감당하게 된다"며 "미래 세대를 위한다는 탄소 중립의 취지에도 맞지 않는다"고 했다.

태양광 패널(panel)은 전체 소재의 70~75%는 강화 유리이고 20~25%는 알루미늄 프레임과 뒤판으로 구성된다. 전기를 생산하는 셀(cell)은 3~4% 정도다. 재활용에 따르는 부가가치가 높지 않다. 환경부는 "알루미늄과 실리콘 등 유가성 자원은 최대한 회수한다"고 했다. 정부는 태양광 생산자가 책임지고 폐패널을 재활용하도록 하는 제도를 지난 2019년 시행령 개정을 통해 도입했다. 그러나 제도의 시행은 2023년부터여서 늑장 행정이란 지적이 나온다.

정부가 2050년까지 설비 증가를 계획한 풍력 발전기도 20~25년의 수명을 다하고 나면 블레이드(blade, 날개) 등 폐부품이 다량 발생한다. 풍력 블레이드는 특수 소재인 유리 섬유(GF, Glass fiber)로 만들어져 재활용이 거의 불가능하다. 미국에서도 현재 한 해 8,000개가량 발생하는 풍력 블레이드로 골머리를 앓고 있다. 작년 미국 와이오밍주의 캐스퍼에서는 수명을 다한 블레이드를 대규모로 매립하는 장면이 논란이 됐다.

현재 환경부는 블레이드 등 풍력 폐부품에 대해서는 별도로 폐기물 발생 현황을 집계조차 하지 않고 있다.

-조선일보, "친환경 에너지 난제…태양광 폐패널·풍력발전 날개 재활용 어려워 골치". A4~A5, 2021. 6. 25.-

05 태양광 확대의 역설 … 국산점유율은 반토막, 일자리는 10% 줄어

태양전지는 대다수가 중국산
풍력도 덴마크산 44%로 최다

2021년 6월 9일 전남 해남군 산이면 구상리 국내 최대 발전단지 솔라시도 태양광 발전소. 중앙에 '태양의 정원' 조성되어 있다.

정부는 신재생에너지 확대를 통해 일자리를 늘리고 신산업을 창출한다는 목표다. 하지만 국내 태양광·풍력 분야 제조업 일자리는 오히려 감소한 것으로 나타났다. 또 국내 태양광·풍력발전 주요 설비 시장에서 외국산의 점유율이 높아지고 있다. 그린 산업이 성장하는 것이 아니라 한국에선 오히려 퇴보하는 역설에 빠진 것이다.

24일 에너지공단에 따르면, 현 정부 출범 직전인 2016년 8,360명이었던 태양광 산업 제조업체 근로자는 2019년 7,538명으로 9.8% 감소했다. 중국 업체의 저가 공세 속에 국내 태양광 업체는 2017년 118개에서 2018년 102개, 2019년 97개로 계속 줄어들면서 일자리가 사라진 것이다. OCI 와 한화솔루션은 지난해 태양광 기초 소재인 폴리실리콘(Polysilicon) 국내 생산을 접었다. 잉곳(ingot, 폴리실리콘을 녹여 원기둥이나 사각형으로 가공한 중간 소재)을 만들던 웅진에너지는 지난해 법정 관리에 들어갔다.

정부의 태양광 확대에 따른 수혜는 중국 업체들이 누린다는 지적도 나온다. 업계에 따르면, 국내 태양광 패널에 들어간 국산 태양전지의 점유율은 2019년까지만 해도 최소 50% 수준이었으나,

지난해 상반기에는 20%대로 하락했다. 나머지는 대부분 중국산인 것으로 추정된다. '솔라시도 태양광단지'에 설치된 태양전지도 100% 중국산이다. 에너지 업계 관계자는 "중국산 태양전지는 한국산과 비교할 때 효율은 비슷한데 가격은 15~20% 싸기 때문에 경쟁하기 어렵다"고 말했다. 실제 중국산 태양광 모듈 수입 규모는 2017년 2억 4,155만 달러에서 지난해 3억 5,944만 달러로 최근 3년 새 50% 가까이 늘었다.

국내 풍력 터빈 시장에서 국산 점유율은 50%가 채 되지 않는다. 지난해 국산 터빈이 차지한 비율은 37.7%로 덴마크산(43.9%)에 뒤졌다. 2019년만 해도 국산과 덴마크산의 점유율은 각각 52.9%와 35.5%였는데 역전된 것이다. 세계 1위 해상풍력발전 업체 오스테드를 앞세운 덴마크는 풍력 발전 강국이다. 우리 업체들은 점유율(지난해 기준)에서 중국(10.4%), 독일(7.9%)에 쫓기는 신세다.

손양훈 인천대 교수는 "국내 태양광·풍력발전 업계가 원가와 기술 경쟁력을 충분히 확보하지 못한 상태에서 정부가 신재생에너지 보급 확대에 치중한 나머지 외국 업체들의 배를 불리고 있다"고 지적했다.

-조선일보, "친환경 에너지 난제…태양광 폐패널·풍력발전 날개 재활용 어려워 골치". A4~A5, 2021. 6. 25.-

06 폐마스크 매일 2,000만 개, 썩는데 450년

1. 폐마스크 상황

코로나 1년, 무심코 버린 마스크의 환경파괴
평균 2.3일당 1개씩 사용, 4인 가족이 한달 52개 쏟아내
재활용 않고 땅에 묻거나 불태워, 온실가스 발생…정부도 별 대책 없어

쓰레기 봉투에 담겨 자원회수시설 처리작업에 쏟아지는 마스크

매일 2,000만 개, 연간 73억 개. 국내에서 버리는 '일회용 마스크' 수다. 본지가 지난 20일부터 이틀 동안 그 마스크 처리 과정을 추적했더니 아무런 재활용 없이 전량(全量) 매립·소각되고 있었다. 마스크 대부분이 플라스틱 재질이지만 정부도 '분리 배출하지 말고 종량제 쓰레기 봉지에 담아 폐기하라'고만 할 뿐 별다른 대책을 내놓지 못하고 있다. 지금으로선 분리 배출도 쉽지 않은 상황이다.

국민권익위원회에 따르면, 한국 국민은 마스크를 평균 2.3일당 1개 쓰고 버린다. 4인 가족 기준으로 마스크 쓰레기를 한 달 평균 52개 쏟아낸다. 매일 폐마스크가 2,000만 개 나오는 셈이다. 본지가 종량제 봉지에 담겨져 나온 폐마스크 처리 과정을 따라가 봤더니 30%인 600만 개가량은 그대로 땅에 파묻고, 나머지 70%는 소각하고 있었다. 환경부도 이를 인정하고 있다. 종량제 봉지로 나오는 생활 쓰레기 처리 방식과 똑같이 처리하고 있다는 것이다.

마스크 안쓸 수도 없는데 ⋯ 소각땐 페트병보다 온실가스 36% 더 배출

자료 : 미국 환경보호청

자료 : 연합뉴스

　문제는 코로나 바이러스 차단을 위해 필터(filter)를 여러 겹 더한 마스크의 주요 재질이 플라스틱 일종인 '폴리프로필렌(PP, Polypropylene)'이란 점이다. 폴리에틸렌(PE, Polyethylene)과 같이 인체에는 무해하지만, 소재 특성상 땅에서도 잘 썩지 않는다. 김주식 서울시립대 환경공학부 교수는 "마스크의 주 재료인 폴리프로필렌이 땅속 미생물을 통해 완전히 썩는 데 걸리는 시간은 450년 정도로 추정된다"고 했다. 매립한 우유 팩(5년), 나무젓가락(20년)은 물론 금속 캔(100년)이 썩는 시간보다 훨씬 길다. 그만큼 심각한 환경오염을 유발한다는 의미다.

소각도 마찬가지다. 폴리프로필렌 1t(톤)을 소각할 경우, 그 3배가 넘는 3.07t의 온실가스가 발생한다. 환경운동연합 백나윤 활동가는 "마스크를 매일 써야 하는 상황에서 배출 온실가스는 누적될 수밖에 없다"고 했다.

코로나 사태가 언제 끝날지 예측하기 어려운 상황에서, 한국을 비롯한 전 세계 78억 인구가 배출하는 폐마스크가 매일 매립·소각되면서 심각한 환경오염을 일으키고 있다고 환경 전문가들은 지적한다. 일각에선 마스크 분리 배출을 통한 재활용, 다회용 마스크 착용과 같은 대안을 내놓고 있지만 효율성이 떨어지고 비용이 많이 든다는 지적에 따라 아직 효과적 처리 방법을 찾지 못하고 있다. 코로나 확산으로 '사망자 수' '백신 접종자 수'에 촉각을 곤두세우는 사이 환경 파괴에 관한 논의는 사실상 뒷전으로 밀려 있는 것이다.

2. 코로나 사라져도 폐마스크는 남는다. 땅도 공기도 오염

마스크 쓰레기 매일 80t 쏟아져
생활 쓰레기들과 섞여 함께 처리
미화원들 "감염 염려되는 건 사실. 밤9시에 버리면, 새벽 6시에 매립"
마스크는 '플라스틱 덩어리'
3장 중 1장은 파묻고 2장은 소각
다 썩는데 금속캔보다 4배 걸려
1t 불태우면 온실가스 3t이 발생

지난 20일 오후 9시, 서울 중구의 한 다세대 주택 앞. 주민들이 내놓은 10~50리터(L)짜리 종량제 봉투 5개가 쌓여 있었다. 비닐 안으로 마스크 쓰레기 여러 개가 보였다. 50L짜리 봉투 하나를 뜯어보니 김칫국 등 오물이 묻은 마스크 42개가 쏟아져 나왔다.

코로나 이후, 전국에서 쏟아지는 거의 모든 쓰레기봉투엔 마스크가 들어있다. 국내에서 매일 버려지는 일회용 마스크는 2,000만 개. 마스크 무게가 평균 4g 남짓임을 고려하면 매일 쏟아지는 마스크 쓰레기는 80t(톤) 수준이다. 우리가 매일 쓰고 버리는 마스크는 어떤 처리 과정을 거치고, 얼마나 많은 환경오염을 유발할까. 마스크 쓰레기 처리 과정을 이틀간 추적했다.

20일 밤 11시. 환경미화원들은 서울 중구 다세대 주택 앞에 있던 종량제 봉투를 쓰레기 차량 수거함 안으로 던졌다. 주택가에서 수거된 쓰레기는 인근 '자원재활용처리장'에서 분류·압축 과정을 거쳐 이튿날 새벽 각각 매립지, 소각장으로 향했다. 한 처리장 담당자는 "쓰레기에 마스크가 많이 섞여 있어 우리도 겁난다"며 "직원들도 코로나 감염 걱정을 하며 조심한다"고 했다. 21일 오전 6시, 자원재활용처리장을 거친 쓰레기를 실은 차량이 속속 인천 매립지로 들어오기 시작했다. 매립하면 안 되는 쓰레기를 골라내는 검수(檢收) 과정을 거친 뒤 마스크들은 바로 땅에 파묻혔다. 매립지 관계자는 "오후 4시 당일 쓰레기 반입을 마치면, 20cm 두께로 흙을 덮는 봉토 작업을 한다"고 했다.

그 자체로 '플라스틱 덩어리'인 일회용 마스크 매립은 심각한 환경오염을 유발한다. 마스크 필터 부분은 폴리프로필렌(PP, Polypropylene), 귀걸이 부분은 폴리우레탄(Polyurethane)이다. 콧등 부분의 '철심'만 예외다. 전문가들은 마스크 주 성분인 폴리프로필렌은 썩는 데 450년, 귀걸이 부분의 폴리우레탄은 300년 이상, 철심도 100년 이상 걸릴 것으로 추정한다. 홍수열 자원순환사회연구소 소장은 "사실 우리가 플라스틱을 사용한 지 100년 남짓 됐기 때문에 플라스틱이 썩는 데 정확히 몇 년 걸릴 것이라 단언하긴 어렵지만, 폴리프로필렌을 매립하면 수백 년 걸릴 것이란 점은 분명히 말할 수 있다"고 했다.

매립되지 않은 나머지 마스크 쓰레기 70%는 소각된다. 21일 오전 10시, 5t짜리 쓰레기 차량이 서울 노원구의 노원자원회수시설로 들어왔다. 주민감시원들이 검수 차원에서 개봉한 20개의 봉투에서 모두 마스크가 줄줄이 쏟아져 나왔다. 노원자원회수시설에 따르면, 마스크를 포함한 섬유류 폐기물의 비율은 2019년 11.2%에서 지난해 14.9%로 늘었다. 마스크를 비롯한 쓰레기들은 섭씨 800도 이상 고온 소각로로 이동해 1시간 30분 동안 불태워진다.

소각 과정에서 가장 큰 문제는 온실가스다. 폴리프로필렌 1t을 소각할 경우, 그 3배가 넘는 3.07t의 온실가스가 발생한다. 다른 플라스틱 재질인 PVC(폴리염화비닐 · 1.38t), PET(페트 · 2.25t)를 태울 때 나오는 온실가스보다 양이 많다. 우리가 흔히 사용하는 페트병을 태울 때보다 36% 많은 온실가스가 나온다.

마스크를 태우는 과정에서 필터 부분인 폴리프로필렌에선 이산화탄소가, 귀걸이에 해당하는 폴리우레탄에선 질소화합물이 배출된다.

다이옥신 배출 가능성도 있다. 다이옥신은 1992년 WHO(세계보건기구)가 1급 발암 물질로 규정한 유해 물질로, 체내에 축적될 경우 각종 암과 피부 질환 등을 유발한다. 김주식 서울시립대 환경공학부 교수는 "폴리프로필렌은 그 자체로는 다이옥신을 배출하지 않지만, 생산 과정에서 염소가 포함된 첨가물을 넣는다면 유해한 다이옥신이 나온다"며 "업체들이 넣는 첨가물은 생산 기밀에 해당해 정확히 알 수는 없지만 태양광과 각종 세균에 노출되는 데 따른 부작용을 방지하기 위해 첨가제를 사용하는 게 일반적"이라고 했다.

환경운동연합 백나윤 활동가는 "소각 과정에서 나오는 다이옥신은 정화 처리하면 대량 배출되지는 않지만, 플라스틱을 태울 때 무조건 배출되는 온실가스가 문제"라며 "온실가스 누적으로 인한 환경오염이 우려된다"고 했다.

40개국 정상, 화상으로 기후 정상회의 … 온실가스 감축 한목소리

2050년 탄소중립 목표 확인하며 2030년까지 감축 목표 상향 속출

전 세계 40개국가량의 정상들이 22일(현지시간) 글로벌 기후변화 위기에 대처하기 위해 화상으로 한자리에 모였다.

조 바이든 미국 대통령이 주도해 개최한 기후 정상회의에 주요국 정상이 참석해 기후변화의 심각성에 대한 인식을 공유하며 개별 국가의 노력은 물론 국제적 차원의 적극적 협력 의지를 다짐했다.

이날 정상회의는 2050년 순탄소배출이 '제로'인 탄소 중립을 달성한다는 목표를 재확인했다. 또 2030년까지 탄소배출 감축 목표치를 기존보다 상향 조정한 국가들도 속출했다.

바이든 대통령은 개막 연설에서 미국이 기후변화 대처를 그저 기다리는 것이 아니라면서 2030년까지 온실가스 배출을 2005년 수준 대비 절반으로 낮추겠다는 목표를 제시했다.

이는 2015년 파리 기후변화 협약 당시 버락 오바마 행정부가 2025년까지 26~28% 낮추겠다는 목표보다 매우 공격적인 수치로서, 국제적 노력을 배가하기 위한 미국의 솔선수범 의지가 담겼다는 평가를 받는다.

그는 기후변화를 "우리 시대의 실존적 위기"라고 규정하고 기후변화 대응은 "도덕적으로, 경제적으로 반드시 해야 하는 일"이라고 강조했다.

3. 마스크 재활용 기술은?

일회용 마스크 재활용, 기술은 있는데 경제성이 떨어져

700도 고온 열분해 기술 있지만

수거·세척·추출 등 공정 비효율

한달내 썩는 필터도 상용화 더뎌

일회용 마스크로 인한 환경 오염을 막을 방법이 없는 건 아니다. 마스크 재활용 기술이 있고, 땅에 묻으면 수개월 만에 자연 분해돼 사라지는 마스크를 개발하는 기술도 있다. 하지만 전문가들은 기술적으로는 가능한데, 경제성이 문제라고 말한다. 김주식 서울시립대 환경공학부 교수는 "일회용 마스크의 주성분인 폴리프로필렌(PP)은 700도 이상의 고온을 가하며 증기를 주입하는 '열분해 공정'을 거치면 그 원료인 '프로필렌'을 추출해 재활용할 수 있다"며 "이미 석유화학공장에서 해당 공정을 활용하고 있는 만큼 기술 도입은 상대적으로 용이한 편"이라고 했다.

하지만 이덕환 서강대 화학과 명예교수는 "기술적으로는 가능하지만, 열분해 공정을 거치려면 폴리프로필렌이 아주 깨끗해야 하고 수거와 세척, 가열, 추출, 분리 등 여러 과정을 거쳐야 한다"

며 "현재 일회용 마스크 가격이 1,000원 남짓한 수준인데 이런 공정을 거치면 어쩌면 생산가보다 더 비싸질 수 있다"고 지적했다. "코로나 상황이 5~10년 넘게 갈 것도 아닌데, 정부가 재활용 설비 투자에 막대한 세금을 쓰는 것을 국민이 지지하지 않을 수 있다"는 것이다.

국책 연구기관인 한국화학연구원은 지난달 '한 달 만에 생분해되는 친환경 마스크 필터'를 개발했다고 밝혔다. 재활용이 쉽지 않은 상황에서 마스크를 친환경적으로 폐기할 수 있는 기술적 대안을 마련한 것이다. 미생물이 활성화된 '퇴비화 토양' 조건에선 28일, 일반 쓰레기 매립지에서도 1년 이내면 모두 썩어 없어진다는 것이 연구원 측 설명이다.

다만 상용화 작업은 더딘 상황이다. 가격은 일회용 마스크의 2~3배, 실제 생산에는 3년 가까이 걸릴 것으로 연구원은 보고 있다.

-조선일보, "폐마스크 매일 2000만개 ,썩는데 450년". A1·A4, 2021. 4. 26.-

"규정에 없는 소재라 출시 허가가 어렵다."

LS전선은 지난 12일 산업통상자원부 산하 한국전기안전공사 담당자로부터 이런 이메일을 받았다. 회사가 지난해 개발한 폴리프로필렌(PP, Polypropylene) 소재 절연(絶緣) 케이블을 판매할수 없다는 통보였다. 절연 케이블은 전기가 전선 밖으로 새지 않도록 해 전력 손실을 막는 부품이다. 지금까지 전선 업체들은 가교폴리에틸렌*(XLPE, Cross Linking Polyethylene)이라는 소재로 절연 케이블을 만들어왔는데, 제조 과정에서 온실가스인 메탄가스가 대량 발생하고 쓰고 나면모두 땅에 묻거나 소각해야 했다. LS전선이 개발한 PP절연 케이블은 탄소 배출량이 적고, 재활용도 가능한 친환경 제품이다. 전 세계적으로도 양산에 성공한 기업은 2~3곳 정도이다.

LS전선은 지난 2015년부터 한국전력공사와 함께 총 60억 원을 투자해 이 제품을 개발했다. LS전선이 공장·아파트 등 민간에서 사용하는 저전압용 절연 케이블을, 한전은 변전소·송전선처럼국가 기간망에 사용할 고전압 케이블을 각각 출시할 계획이었다. 그런데 LS전선의 민간용 제품만판매가 막혔다. 전기안전공사가 한국전기설비규정(KEC) 절연 소재 목록에 PP가 포함돼 있지 않다는 이유로 출시를 막았기 때문이다. 반면 한전은 이미 지난해부터 이 케이블을 사용하고 있다.한전은 자체 규정을 따르기 때문에 정부 규제를 받을 필요가 없다. 전압 규격과 사용처만 다를뿐 모두 LS전선이 생산하는 제품인데 다른 잣대가 적용된 것이다.

전선 업계에서는 이런 반쪽 상용화에 대해 "민간용 제품은 문제가 생길 경우 허가 기관인 전기안전공사에도 책임이 돌아가기 때문"이라는 말이 나온다. 정부 기관이 군이 규정을 바꿔 위험 부담을 지지 않으려 한다는 것이다. LS전선은 정부 측에 규정 개정을 재차 요청했지만, "판매 실적이 있어야 규정에 넣을 수 있다"는 답만 받았다. 판매 길을 막아둔 채 실적을 요구하고 있는 것이다.

공사 측은 구체적인 허가 검토 일정도 제시하지 않고 있다. 친환경 제품 사용을 장려해야 할정부 기관이 오히려 탄소 저감에 앞장서는 기업의 혁신을 가로막는다는 비판이 나온다.

-조선경제, "LS전선 60억 들인 친환경 절연 케이블". B3, 2021. 7. 21.-

*가교폴리에틸렌(XLPE, Cross Linking Polyethylene) : 폴리에틸렌(Polyethylene, PE)에 유기가황제인 유기과산화수소(organic peroxides)를 혼합하여 가교설비로 폴리에틸렌을 가교(가황) 반응을 시켜 폴리에틸렌 구조를 결합상태(가교상태)로 만들면 그 화학 구조가 변형되어 가교폴리에틸렌(XLPE)으로 변형된다. 폴리에틸렌에 열경화성의 점탄성 성질을부여한 재료로 고전압 절연재료에 많이 사용된다. 전기 공급시 변전소에서 가정 공급 전까지에 사용되는 전선의 초고압케이블, 절연용 재료(600V)로 사용된다. 폴리에틸렌의 가교 방법은 1950년대 미국에서 개발되었으며 더 높은 전압에 적용하기 위해 꾸준히 기술이 개발되고 있으며, 지속적 발전을 거쳐 500kV XLPE 초고압 케이블(cable)까지 상용화 되었다.

08 '플라스틱 바가지 원조' 바다 살리는 기술 띄운다

56년 플라스틱 제조업체 NPC(내쇼날플라스틱) ESG기업으로 변신
충격에 강한 친환경 부표(PP 소재) 개발
'바다 오염 주범' 스티로폼 대체
재생 팰릿시장 개척, 국내 1위

박두식 NPC 회장이 친환경 부표를 들어 보이고 있다.

경남 통영과 고성, 거제 등 해안가 양식장엔 푸석한 흰색 스티로폼(Styrofoam) 부표 대신 빨간색 흰색 검은색의 폴리프로필렌(PP, Polypropylene) 소재 부표 3,000개가 설치돼 있다. 미세 알갱이로 부서질 염려가 없고 강한 충격에도 부력을 상실하지 않는 친환경 부표다.

1960~1970년대 국내 최초 플라스틱 바가지를 출시해 '내쇼날푸라스틱'으로 잘 알려진 엔피씨(NPC)가 5년 연구 끝에 개발한 제품이다. 박두식 NPC 회장은 "50여 년 플라스틱 제조 '외길'을 걸어온 자존심을 걸고 해양 생태계를 살리고자 했다"고 말했다.

태풍과 충돌에도 끄떡없는 부표

20일 관련 업계에 따르면 NPC가 개발한 친환경 부표가 올해 시범사업을 거쳐 내년 본격적인 시판에 들어갈 예정이다. 국내 5,500만 개 양식장 부표 가운데 72%인 3,900만 개에 달하는 스티로폼 부표를 대체할 것으로 예상된다. 해양수산부가 친환경 부표 보급 확대에 나서 관련 시장도 급성장할 전망이다. 친환경 부표 구입 비용의 70%를 정부와 지방자치단체가 지원한다. 내년부터 스티로폼 부표의 신규 사용도 전면 금지된다. 2025년까지는 기존 부표를 모두 친환경 부표로 교체해야 한다.

바다에서 김 굴 가리비 홍합 등을 키울 땐 적절한 수심에서 이들이 자라도록 로프를 고정시켜 부력을 유지해 주는 부표가 반드시 있어야 한다. 대부분 양식장엔 값싼 '스티로폼 부표'가 설치돼 있지만 태풍이 오거나 선박 스크루에 부딪히면 미세 알갱이로 부서져 해양 생태계를 파괴하는 주범으로 지목돼 왔다. 연간 파손 혹은 유실되는 스티로폼 부표만 200만 개에 달한다.

NPC의 시대별 대표 상품
1970년대 **바가지**
1980년대 **맥주상자**
1990년대 **중하중용 팰릿**
2000년대 **수출 일회용 팰릿**
최근   **신선식품 배송용 보온·보랭상자**(예정)

NPC가 개발한 친환경 부표는 겉면에 '이음새'를 없애 이 같은 결함을 원천적으로 해결했다. 동그랗게 구 형태로 생긴 부표를 생산할 땐 금형을 통해 절반씩 찍어내 열로 접합하기 때문에 중간에 이음새가 생기지만 NPC는 독창적인 사출기술로 표면에 이음새를 없애 내구성을 강화했다. 또 태풍으로 부표가 바닷속 18 m까지 내려가 3기압의 압력을 받아 쭈그러들어도 수면 위에서 다시 펴지면서 형체가 복원된다. 가격 경쟁력도 있다. 정부 보조금을 받으면 스티로폼 부표와의 가격 차이가 개당 1,000~2,000원에 불과하다.

재생 팰릿 1위 · ESG 경영의 원조

전통 조롱박 바가지에서 착안해 NPC가 1965년 국내 최초로 출시한 플라스틱 바가지는 당시 선풍적인 인기를 끌었다. 그전까지 대상그룹의 한 사업부에 불과했던 영세기업이 국내 플라스틱 제조업의 개척자이자 국민 기업으로 거듭난 것이다.

NPC 창업자는 임대홍 대상그룹 창업자의 동생인 임채홍 씨다. 박 회장은 임씨의 큰 사위로 NPC 경영을 총괄하고 있다. 1969년 유가증권시장에 상장한 NPC는 플라스틱 밀폐용기, 휴지통 등 가정용품으로 영역을 넓히다 1990년대 산업용 플라스틱 제조업체로 과감히 변신을 시도했다.

현재 주요 매출처는 플라스틱 팰릿(pallet, 일반적으로 '파렛트'라 불리며 물건을 실어나를 때 안정적으로 옮기기 위해 사용하는 구조물 또는 케이스이다)과 컨테이너(상자)다. 작년 플라스틱 사업 매출(4,300억 원)의 90%가 여기에서 나왔다. 화물을 싣고 내릴 때 받침대로 쓰이는 팰릿은 운송용 필수 기자재다. 연간 1,300만 개 팰릿을 생산해 미국 일본 중국 동남아시아 등 65개국으로 수출하고 있다. 국내 시장 점유율 1위로, 현대자동차 한화 SK 롯데 등 대부분의 대기업이 이 회사 팰릿을 사용하고 있다.

　　이 회사는 친환경 재생 팰릿시장도 2005년 국내 처음 개척했다. 전체 판매 물량의 76%인 1,000만 개가 재생 팰릿으로, 전국에서 수집한 연간 8만t의 폐플라스틱을 녹여 만든다. 박 회장은 "1,000만 개 재생 팰릿 생산은 목재 팰릿 대체 효과로 연간 100만 그루의 벌목을 막고, 폐플라스틱을 재활용하기 때문에 소나무 1억 그루를 심는 탄소배출 저감 효과가 있다"고 말했다.

　　최근에는 신선식품 배송이 증가함에 따라 일회용 용기를 대체할 보온·보랭이 가능한 친환경 배송 상자도 개발하고 있다. 박 회장은 "국내 최초 플라스틱 제조업체지만 공해 업종으로 지탄받는 것이 안타까웠다"며 "ESG(환경·사회·지배구조) 기업으로 탈바꿈해 친환경 제품 확대로 2025년 매출 1조 원을 달성할 것"이라고 말했다.

-한국경제, "플라스틱 바가지 원조, NPC 바다 살리는 기술 띄운다". A15, 2021. 7. 21.-

09 생분해 플라스틱

　서울에 사는 직장인 김모(35)씨는 신종 코로나바이러스 감염증(코로나19)으로 일회용품 사용이 급증했다는 기사를 접한 뒤 친환경 제품에 관심을 갖게 됐다. 올 들어 '생분해'나 '친환경' 문구가 적힌 제품을 골라 쓰는 게 습관이 됐다. 비닐 봉투가 필요할 때도 검은색 일반 봉투 대신 생분해 제품을 들고 다니며 쓴다.

　이른바 친환경이 소비 트렌드로 떠오르면서 일반 플라스틱 대신 바이오 플라스틱을 찾는 이들이 늘고 있다. 상점이나 카페에서도 이들을 겨냥한 '친환경' 비닐봉지나 음료 컵 등을 제공한다. 녹색연합이 지난해 10~11월 시민 137명에게 물었더니 70%가 생분해 플라스틱을 이용해본 적 있다고 답했다.

　다만 이러한 제품은 막 기지개를 켜는 수준이다. 2019년 한국산업기술평가관리원 보고서에 따르면 국내 바이오 플라스틱 시장은 약 4만t 규모다. 전체 플라스틱 시장의 0.5%를 차지한다.

시민 70% "생분해 플라스틱 써본 적 있다"

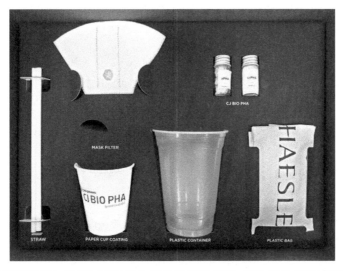

CJ제일제당이 생분해 플라스틱인 PHA로 만든 빨대, 음료 용기 등의 제품들.
내년부터 PHA를 본격적으로 양산한다는 계획이다. (연합뉴스)

바이오 플라스틱은 재생 가능한 원료로 제조하는 플라스틱 전반을 말한다. 바이오매스(식물이나 유기성 폐자원 등의 원료)에서 유래한 '바이오 기반'과 짧은 기간 미생물로 완전히 분해되는 '생분해'를 포함하는 상위 개념이다. 일상에서 흔히 쓰는 '친환경' 플라스틱은 생분해 제품이 많은 편이다.

생분해 플라스틱은 천연물 계통인 PHA · PLA 등과 석유 계통인 PBAT · PCL 등이 대표적이다. 특히 옥수수 · 사탕수수 등을 활용한 PLA 소재는 빨대와 칫솔 등 생활 제품에 흔히 쓰이는 편이다. 그러나 같은 생분해라도 탄생 과정은 완전히 다르다. 어떤 건 옥수수 같은 식물로 만들어진 반면, 석유 기반으로 제조한 것도 있다.

하지만 일상에선 뭉뚱그려 친환경 플라스틱으로 부른다. 잘 썩는다고 생각해 폐기물 처리법도 크게 구분하지 않는다. 생분해 제품을 원칙대로 종량제 봉투에 넣어 버리면 대개는 분해 대신 소각 또는 매립된다. 반대로 일반 플라스틱처럼 분리 배출하면 다른 플라스틱 제품의 재활용을 방해한다.

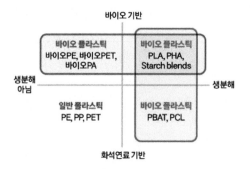

사용 원료 등에 따른 바이오 플라스틱 분류

홍수열 자원순환사회경제연구소장은 "많은 이들이 여전히 바이오 · 생분해 플라스틱의 관계를 혼란스러워하고 있다. 단순히 '분해 되냐 안 되냐', '썩냐 안 썩냐' 같은 이분법적 함정에 빠지면 안 된다"고 말했다.

국내 산업계는 생분해 플라스틱의 미래에 크게 주목하고 있다. 기업들이 속속 생분해 플라스틱 개발에 뛰어들면서 해외 수출, 상용화에 박차를 가하고 있다.

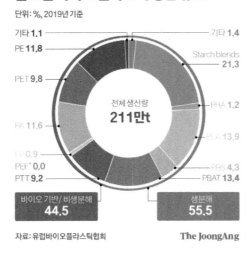

글로벌 바이오 플라스틱 생산 규모

CJ제일제당은 미생물을 활용해 최대 4년이면 분해되는 PHA 플라스틱을 시험 생산 중이다. 빨대, 비닐 봉투, 포장재부터 시작해 자동차 내장재 등으로 사용처를 늘려간다는 구상이다. 올 연말까지 인도네시아에 PHA 전용 생산 라인을 완공한 뒤, 내년 초 본 생산을 시작할 계획이다.

CJ제일제당 관계자는 "PHA를 양산할 수 있는 회사가 우리를 포함해 일본, 미국 등 세 곳에 불과하다"며 "세계 각국에서 석유 플라스틱에 대한 규제가 늘고 소비자의 친환경 경각심도 올라가면서 시장 전망을 밝게 보고 있다"고 말했다.

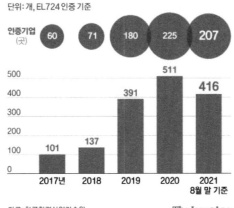

생분해성 수지 제품 인증 추이

LG화학은 옥수수 성분 등을 활용한 플라스틱 소재를 개발했다. 내년부터 시제품을 만들어 2025년부터는 본격 생산한다는 계획이다. SK케미칼도 고유연 생분해성 PLA 플라스틱의 상업 생산을 준비하고 있다.

기업들은 정부가 보다 적극적으로 생분해 플라스틱 지원에 나서길 바란다. 업계 관계자는 "국내에선 소비자 인식, 기업 움직임, 정책 변화 등이 전 세계 트렌드를 늦게 따라가는 느낌"이라면서 "글로벌 시장으로 나가려면 정부 부처 간 정책 공조가 잘 돼야 한다. 또한 정부가 적어도 생분해 수지 사용·폐기 가이드라인을 소비자에게 제공해야 한다고 본다"고 말했다.

생분해 소재 쓴다고 일회용기 늘려선 안돼

반면 환경단체들은 생분해 플라스틱도 일종의 '그린 워싱'(친환경적이지 않은데 친환경적인 것처럼 홍보하는 행태)이라며 평가 절하한다. 예를 들어 PLA 플라스틱은 60도 안팎 온도에서 6개월 이내에 90% 이상 분해돼야 하는데, 이를 맞추기 쉽지 않으니 잘 썩지 않는다는 주장이다. '생분해 제품을 쓰면 일회용품 규제에서 제외된다'고 강조하는 제조사들이 플라스틱 사용을 되레 조장할 수 있다는 걱정도 한다.

허승은 녹색연합 녹색사회팀장은 "탄소 발생량 등을 따져 생분해 소재를 일부 쓸 수 있다. 하지만 산업적 전환이나 생활 방식의 변화 없이 생분해가 플라스틱 문제 해결 1순위가 되는 건 경계해야 한다"면서 "플라스틱 생산 자체를 줄이고 다회용기를 쓰는 게 궁극적 대안"이라고 말했다.

홍수열 소장은 "생분해 플라스틱은 어구, 농업용 비닐 등 쓰레기 투기가 잘 일어나는 영역에 우선 보급하는 반면, 재활용이 가능한 분야는 재활용되는 소재를 권장하는 쪽으로 가야 한다. 생분해 소재를 단순히 일회용 위주로 쓰는 건 지양해야 한다"고 말했다.

-중앙일보, "생분해 플라스틱이라는데, 소각되는 것도 많다", 16면, 2021. 9. 14.-

참고
문헌

1. 이국환, "4차 산업혁명의 핵심소재, 플라스틱 미래산업에 답하다", 기전연구사, 2019.
2. 이국환, "최신 제품설계(Advanced Product Design)", 기전연구사, 2017.
3. 이국환, "제품설계 · 개발공학(Product Design and Development Engineering)", 기전연구사, 2008.
4. 홍명웅 편저, "엔지니어링 플라스틱 편람", 기전연구사, 2007.
5. 황한섭, "사출성형공정과 금형", 기전연구사, 2014.
6. 이진희, "섬유 강화 플라스틱", 기전연구사, 2009.
7. 플라스틱재료연구회 역, "플라스틱재료 독본", 기전연구사, 1999.
8. 桑嶋 幹, 久保敬次 공저, "기능성 플라스틱의 기본", SoftBank Creative, 2011.
9. 이국환, "설계사례 중심의 기구설계(개정증보판)", 기전연구사, 2021.
10. 이국환, "교육 · 강연 · 세미나 · 기술컨설팅 자료 등", 2016.
11. 이국환, "연구개발 및 기술이전 자료, 논문 등", 2017.
12. 이국환, "전자제품 기구설계 강의자료 등", 2016.
13. 조선경제, "플라스틱 쓰레기 문제, 재활용 공장에서 답 찾았다", B6, 2021. 7. 8.
14. 매일경제, "휴비스 생분해 페트섬유 국내 첫 본격 양산", A17, 2021. 7. 16.
15. 매일경제, "SK, 폐플라스틱 재활용 도시유전 만든다", A17, 2021. 7. 9.
16. 조선일보, "친환경 에너지 난제…태양광 폐패널·풍력발전 날개 재활용 어려워 골치", A4~A5, 2021. 6. 25.
17. 조선일보, "폐마스크 매일 2000만개, 썩는데 450년", A1·A4, 2021. 4. 26.
18. 조선경제, "LS전선 60억 들인 친환경 절연 케이블", B3, 2021. 7. 21.
19. 한국경제, "플라스틱 바가지 원조, NPC 바다 살리는 기술 띄운다", A15, 2021. 7. 21.
20. 중앙일보, "생분해 플라스틱이라는데, 소각되는 것도 많다", 16면, 2021. 9. 14.

찾아보기

저자 소개

이국환(李國煥)

한양대학교 정밀기계공학과와 동대학원을 졸업한 후 한국산업기술대학교에서 기계시스템응용설계 관련 박사학위를 받았다. 30년 이상 대우자동차 연구소, LG전자 중앙연구소, 대학교에서 기계·시스템 및 부품·소재, 전자·정보통신, 환경·에너지, 의료기기 산업 등에서 아주 다양한 융·복합기술 분야의 첨단 R&D, 제품개발 및 프로젝트를 수행하였다.
주요 내역은 다음과 같다.

- LG전자 특허발명왕 2년(1992년~1993년) 연속 수상(회사 최초)
- LG그룹 연구개발 우수상 수상(1996년) – 국내 최초 및 세계 최소형·최경량 PDA(개인휴대정보단말기) 개발로 1996년 한국전자전시회 국무총리상 수상
- 문화관광부선정 기술과학분야 우수학술도서 저술상 3회 수상(1998년, 2001년, 2014년) – 국내 최다
- 2021년 제39회 한국과학기술도서상 출판대상 수상(과학기술정보통신부장관상) – "이국환 교수와 함께하는 스마트폰 개발과 설계기술" 시리즈 총 3권
- "중소기업을 위한 지식재산관리 매뉴얼" 자문 및 감수위원(특허청, 대한변리사회)
- LG전자, 삼성전자, 에이스안테나, 만도 등 다수 기업(BM발굴, 개발 및 현업문제해결 컨설팅, 특강)과 현대·기아 차 세대 자동차 연구소(창의적 문제해결 방법론 교육)
- 삼성전기에서 제품개발 및 설계 직무교육
- 정부출연연구기관, 한국산업단지공단, 중소기업진흥공단, 지자체, 대학교 등에서 창의적 제품개발, 신사업발굴, R&D 전략 및 기술사업화(R&BD), 창의적 문제해결방법론 등 교육 및 강의
- 첨단 제품 및 시스템 관련 미국특허(2건), 중국특허(2건) 및 국내특허 20여개 보유

현재 한국산업기술대학교에서 기계시스템응용설계, 창의적 공학설계, ICT 제품설계·개발 등과 더불어 대학원에서 기술사업화 및 R&D전략, 특허기반의 제품·시스템개발 및 기술사업화(IP-R&D, R&BD), 기술경영(MOT) 등을 가르치고 있으며, 정부 R&D 개발사업화 과제 선정 및 평가위원장 등 다수 역할을 수행하고 있다.
또한, 다양한 융·복합기술 분야에서 창의적이며 혁신적인 특허·지식재산권(PM : Personal Mobility, 전동개인이동수단 관련 다수의 국내 및 미국특허등록, 중국특허등록, 해외특허 PCT 출원)을 보유하고 있으며 이를 활용한 글로벌 혁신적, 창의적이며 차별화된 첨단 제품과 시스템 개발에도 열정을 쏟고 있다. 다음과 같은 전문 분야에서도 활발한 활동을 하고 있다.
- 창의적 문제해결의 방법론 및 창의적 개념설계안의 도출·구체화
- 특허기술의 사업화(Open innovation), 특허분석 및 회피설계
- 제품개발과 기술사업화 전략, 사업아이템 발굴 및 BM(비즈니스 모델) 전략수립
- 제품·시스템설계 및 개발공학, 동시공학적 개발(CAD/CAE/CAM), 원가절감(VE) 및 생산성(Q.C.D) 향상
- 기술예측, R&D 평가 등

저서로는 〈수퍼 엔지니어링 플라스틱 및 응용〉, 〈엔지니어링 플라스틱 및 응용〉, 〈플라스틱 개론과 제품설계〉, 〈설계사례 중심의 기구설계(개정증보판)〉, 〈스마트폰 부품목록과 설계도면〉, 〈스마트폰 개발전략(Development Strategy of Smart Phone)〉, 〈스마트폰 개발과 설계기술〉, 〈최신 제품설계(Advanced Product Design) - ICT 및 융·복합 제품개발을 위한〉, 〈4차 산업혁명의 핵심소재, 플라스틱 미래산업에 답하다〉, 〈최신 기계도면 보는 법〉, 〈메커니즘 사전〉, 〈제품설계·개발공학〉, 〈제품개발과 기술사업화 전략〉, 〈동시공학기술(Concurrent Engineering & Technology)〉, 〈설계사례 중심의 기구설계〉, 〈2차원 CAD AutoCAD 2020, 2019, 2018, 2017, 2016, 2015, 2014 등〉, 〈3차원 CAD SolidWorks 2015, 2013, 2011 등〉, 〈SolidWorks를 활용한 해석·CAE〉, 〈3차원 CAD Pro-ENGINEER Wildfire 2.0 등〉, 〈기계도면의 이해 Ⅰ·Ⅱ〉, 〈2D 드로잉 및 3D 모델링 도면 사례집〉, 〈미래창조를 위한 창의성〉, 〈알파고 시대, 신인류 인재 육성 프로젝트〉 등 제품설계 및 개발, R&D, 기술사업화, CAD/CAE, 특허, 창의성, 창의적인 혁신제품의 개발전략 분야 등 상품기획, 제품설계 및 생산에 이르는 전분야·전주기에 걸친 총 65권의 관련 저서가 출간되어 있다.